SCIENCE IS BEAUTIFUL

DISEASE AND MEDICINE UNDER THE MICROSCOPE

科学之美

显微镜下的疾病与药物

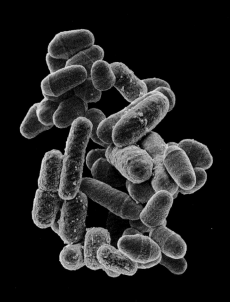

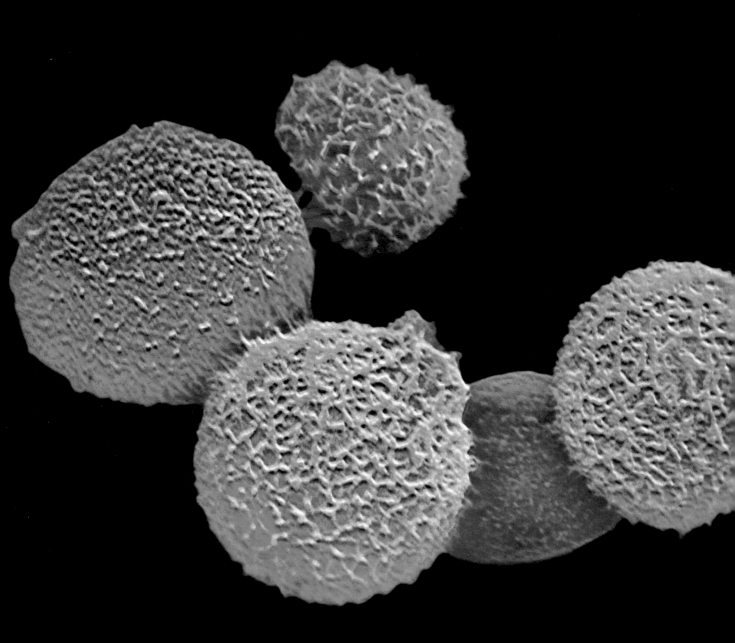

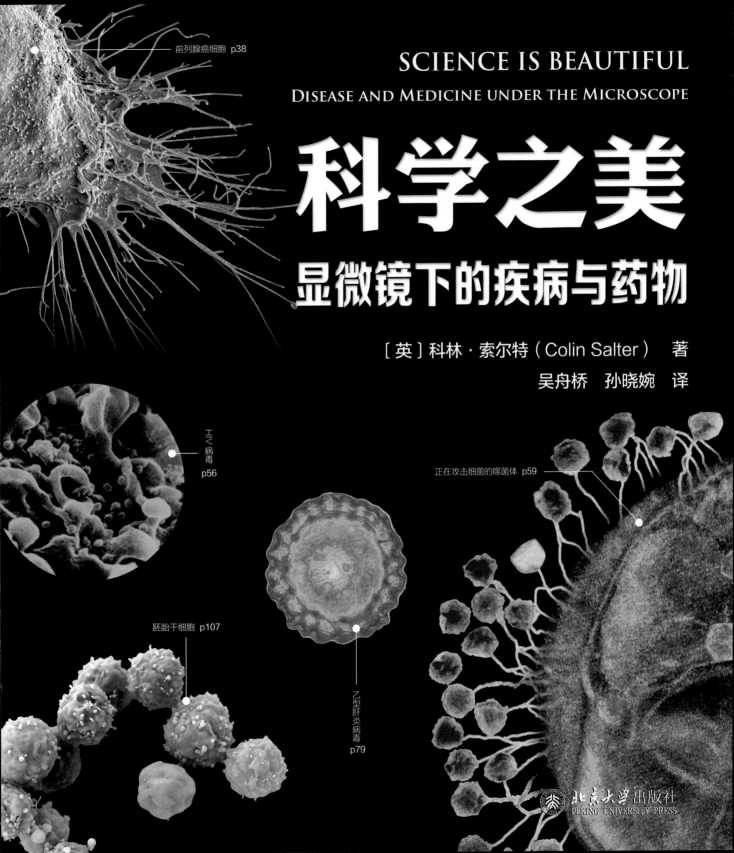

SCIENCE IS BEAUTIFUL
DISEASE AND MEDICINE UNDER THE MICROSCOPE

科学之美
显微镜下的疾病与药物

〔英〕科林·索尔特（Colin Salter） 著

吴舟桥 孙晓婉 译

前列腺癌细胞 p38

HIV病毒 p56

正在攻击细菌的噬菌体 p59

胚胎干细胞 p107

乙型肝炎病毒 p79

北京大学出版社
PEKING UNIVERSITY PRESS

著作权合同登记号 图字：01-2017-5802

图书在版编目（CIP）数据

科学之美. 显微镜下的疾病与药物 / (英) 科林·索尔特 (Colin Salter) 著；
吴舟桥，孙晓婉译. — 北京：北京大学出版社，2021.4
ISBN 978-7-301-32008-2

Ⅰ.①科… Ⅱ.①科… ②吴… ③孙… Ⅲ.①药物疗法－普及读物
Ⅳ.①N49 ②R453-49

中国版本图书馆 CIP 数据核字 (2021) 第 032264 号

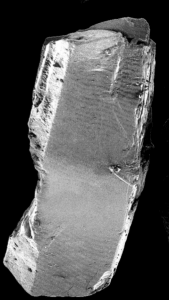

书　　　名	科学之美·显微镜下的疾病与药物	
	KEXUE ZHI MEI·XIANWEIJING XIA DE JIBING YU YAOWU	
著作责任者	〔英〕科林·索尔特（Colin Salter）著　　吴舟桥　孙晓婉 译	
责 任 编 辑	刘清愔　张亚如	
标 准 书 号	ISBN 978-7-301-32008-2	
出 版 发 行	北京大学出版社	
地　　　址	北京市海淀区成府路 205 号　　100871	
网　　　址	http://www.pup.cn　　新浪微博：@ 北京大学出版社	
微信公众号	科学与艺术之声（微信号：sartspku）	
电 子 信 箱	zyl@ pup.pku.edu.cn	
电　　　话	邮购部 010-62752015　发行部 010-62750672　编辑部 010-62750539	
印 刷 者	北京九天鸿程印刷有限责任公司印刷	
经 销 者	新华书店	
	889 毫米 ×1194 毫米　16 开本　12 印张　300 千字	
	2021 年 4 月第 1 版　2022 年 11 月第 2 次印刷	
定　　　价	128.00 元	

目 录
Contents

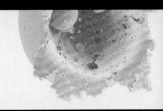

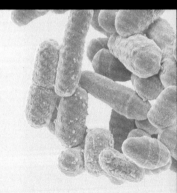

序言

在本套丛书的第一部 ——《科学之美·显微镜下的人体》中，我们详细地介绍了人体是如何工作的。我们的身体是众多复杂"零件"组成的完美艺术品，是一个依赖于内部相互协作并受到精细调控的复杂系统。正常情况下，即便我们的意识并不主动控制，我们的身体也能够有条不紊地稳定运行：肺部负责呼吸，心脏负责不停地跳动，面部肌肉掌管着我们喜怒哀乐的神情。

而在这本书中，我们将转换视角，来看看在疾病状态下我们的身体。细菌、病毒和其他病原体是如何设法攻破我们免疫系统复杂的防御屏障的？药物又是如何巧妙地对抗这些入侵者，从而实现疾病的预防或治疗的？更不可思议的是，人们有时还能利用一些病原体来治病。比如医生可以通过给人体注射"木马病毒"，使其先入侵细胞，从而预防其他更为致命的感染。正是基于这个原理，水泡性口炎病毒常被作为载体病毒，用于治疗艾滋病、癌症和被埃博拉病毒感染的患者。另外，疫苗也是一个很好的例子：通过注入低剂量的病原（包括低毒、灭毒及其他形态等），来激活机体的防御系统，从而储备力量以抵御更高剂量的病原。人类的首个疫苗 —— 天花疫苗 —— 早在 1796 年就被研制出来，而人们也利用它，最终在全世界范围内根除了这种疾病。

寻找治疗方法

药物研发是一项巨大的工程。一种新药从研制到获批上市，再到最终创造利润，需要漫长的时间，以及人量的资金支持。如果我们想找到某种疾病的治疗方法，首先必须了解这种疾病大量的背景知识：它对患者有什么影响？是在哪里感染患者的？它又是如何传播的？在了解了这些的基础上，我们才能尝试寻找良方；如果有所进展，我们可以开始做离体实验，利用经感染处理的细胞进行实验室测试；最终，如果数据支持我们的假设，我们才能进一步申请在患者身上开展临床试验。

如果最终药物被证明有效，并且与其疗效相比，副作用也在可接受范围内，我们就可以开始生产、宣传这个"灵丹妙药"了。即便如此，从生产方法、包装安全再到药物使用说明，都还需要进行相关测试。而且其中的每一步，都会受到相应医疗机构，例如美国食品药品监督管理局（FDA）和英国国家卫生与临床优化研究所（NICE）的监管。

以上每一步都耗资巨大，这也是为什么制药公司会注册专利来保护自身的巨大投入，以获得制造和销售新药的专有权。药物高昂价格的背后，不仅包含了药物和包装的成本，还有多年来投入的研发费用。对于贫困国家和贫困群体来说，这些药物就无疑成了可望而不可即的"天价"药物，而他们可能却又不幸成为需求量最大的患者群体。

"双刃剑"

药物是一把双刃剑。抗生素能够有效对抗细菌，然而自 20 世纪 50 年代以来，细菌耐药性的不断增强却成为一个非常严峻的问题。现在细菌之所以看似能够不断进化以产生耐药性，这背后的罪魁祸首有时竟然是那些原本用来对付细菌的抗生素。抗生素能够杀死较弱的细菌菌株，但同时"选择"出更强、更具耐药性的菌株，使其茁壮成长。另外，有些抗素不仅能够杀死有害菌，同时也会不分青红皂白地滥杀有益菌——比如帮助我们消化食物的肠道菌群。生活中很多老百姓把抗生素（消炎药）视为灵丹妙药，无论得了什么病都要吃点消炎药，但其实抗生素绝非万能，例如它对病毒感染就完全没用；而这些抗生素的滥用、误用，也是导致其有效性下降的一个重要因素。

有时我们负责抵御外敌入侵的免疫系统也会倒戈相向。当我们身体的防御系统错误攻击体内健康的细胞时，就会导致如类风湿性关节炎、多发性硬化症、克罗恩病和溃疡性结肠炎等自身免疫性疾病。另外，对于器官移植患者来说，其免疫系统也会对来自供体的移植器官发动攻击，引起术后排异反应。这时我们只能用免疫抑制性药物来应对，但与此同时，这些药物对免疫系统的抑制作用也使我们更容易受外敌入侵，从而发生机会性感染。

获得性免疫缺陷综合征，即艾滋病，同样能够抑制机体免疫系统的功能。因此它所指代的不是"一种"疾病，而是机体长期感染 HIV 病毒（人类免疫缺陷病毒）后所产生的一系列症候群。艾滋病患者很容易发生各种感染，而这些病原体却往往是正常免疫系统能够轻松消灭的。因此在一定程度上，艾滋病发病率的增加和免疫抑制剂的广泛使用，导致了包括耐甲氧西林金黄色葡萄球菌（MRSA）感染在内的，很多原来人群中并不常见的疾病的传播与扩散。

"猫鼠游戏"

科学与自然界似乎不停地在玩着猫鼠游戏。病毒比人类更简单、更低等。然而存在即合理，和人类一样，它们似乎生来就注定能够在这个世界存活下去，并且具备极强的适应能力。因此，流感疫苗的研发与接种就像是在进行一场永无休止的追逐赛，因为流感病毒能够不停地变异，最终总有一些突变

株能够成功抵抗目前现有的疫苗。不过或许值得欣慰的是，一般情况下病毒也不会轻易地"杀"死它的宿主，因为这样做也将消除它作为一个物种的繁殖和延续的手段。

相反，不少病毒只是引起咳嗽或腹泻，并借此通过空气或污水传播，感染更多人。这时，如果人们借助科学知识，利用疫苗或药物来应对这些病毒，它们就会进化、变异，需要新的疫苗才能治疗，而这又将导致新病毒继续进化、变异，如此循环往复。

有些疾病会给人类带来更为严重的问题。一直到我们能够依靠科学寻找到治疗良方之前，它们都是不治之症。当然，有赖于我们医学的不断发展，曾经的许多不治之症，例如艾滋病，现在虽无法完全治愈，但也能够得到有效控制，而不会让患者迅速死亡。

所谓"上医治未病"。小到服用维生素，大到接种疫苗，都是预防疾病的重要手段。好的身体很大程度上取决于良好的生活习惯，比如健康的饮食、定期的锻炼和充足的睡眠等，哪怕是最简单的勤洗手，都可以预防很多疾病的发生。病原体并非只是在我们咳嗽或打喷嚏时通过空气传播，很多疾病可以通过各种各样的体液进行传播，比如我们呼出的气体，排出的血液和汗液等。"不讲卫生"实际上是很多疾病发生的原因，因此我们务必注重个人和环境卫生，养成良好习惯。例如，我们应当杜绝不安全性行为、正确使用避孕套，这就能有效预防性传播疾病。水是生命之源，我们身体超过 50% 的重量都是水，因此在日常生活中，我们也应当保证每天摄入充足的水分，这对维持机体的新陈代谢至关重要。

光学显微镜图像

光学显微镜图像是由传统的光学显微镜生成的图像。光学显微镜是 16 世纪发明的一种传统的显微镜，它通过透镜把标本在自然光或人造光下进行放

当光线照射到物体上时，光线会因物体颜色、纹理和角度等状况的不同而发生不同的反射。而这些被反射的光线进入我们的眼睛或者（在一些情况下）再次通过透镜射入我们眼球并在视网膜的感光细胞上产生刺激信号。大脑处理这些细胞收集到的关于形状、大小以及颜色和纹理的信息，这就是我们最熟悉不过的感觉之一——视觉的成像过程。实际上，光学显微镜显示的和我们肉眼能看到的差不多，它只是起到了一个放大的作用。

17 世纪晚期，显微镜成为科学研究的重要工具。显微镜是观察微观事物最简单的低技术、低成本的工具。显微镜自被发明的 400 多年以来，它的本质几乎没有什么变化。而其最主要的一些革新在于观察标本的光线。例如，将偏振光照射到标本上，就能像偏光太阳镜一样，显示出标本特定的颜色和结构图案。

电子显微镜图像

20 世纪初，科学家们研发出了一种技术含量极高的新型显微镜来替代传统的光学显微镜。第一台电子显微镜于 20 世纪 30 年代问世，它不使用光束而是使用电子枪发出的电子流来"照射"目标。传统显微镜利用透镜来改变光的传播方向，而电子显微镜则用电磁体来改变电子束方向。如果电子束密度足够大，我们就有机会看到更多光学显微镜下不可见的细节——换句话说，人类第一次有机会看到我们肉眼不可能看到的东西。

电子显微镜有两种类型：透射电子显微镜（TEM）和扫描电子显微镜（SEM）。如同它们的名字，透射电子显微镜发出的电子是透射的——也就是说，它们直接穿透被观察目标。正如可见光线通过彩色玻璃时会受到影响，电子穿透观察目标时也会受到目标材料的影响。就像需要让阳光透过彩色玻璃窗，我们才能看到设计师的匠心设计，电子透过被观察的目标并受其影响，最终形成了观察目标的图像。透射电子显微镜的图像是在材料的另一面通过照相机或荧光屏采集的。

与透射电子显微镜不同，扫描电子显微镜中的电子并不会穿透样本，而会像织网一样扫描样本。它们与材料中的原子相互作用，然后材料释放出其他电子。这些次级电子根据材料表面的形状和成分向各个方向发射，然后被探测到。将这些次级电子的信息与原始电子扫描的细节相互比对，就能建立扫描电子显微图像。

因为电子必须通过材料，所以透射电子显微镜只能处理非常薄的材料样本。扫描电子显微镜则可以处理体积更大的材料，所得的图像可以传达景深。然而，透射电子显微镜具有更高的分辨率和放大倍数，其具体数值是难以想象的，它可以显示宽度小于 50 皮米（50 万亿分之一米）的细节，并将它们放大超过 5000 万倍。扫描电子显微镜可以"看到"一纳米（1000 皮米）的细节，并将其放大 50 万倍。相比之下，普通的光学显微镜只能显示大于 200 纳米的细节（比透射电子显微镜能显示的大 4000 倍），并仅提供 2000 倍的有效的、不失真的放大倍数。

在这本书中，你所看到的绝大部分显微图像都经过了额外渲染，其中一部分称之为"假色"，因为它并非是人体组织的真实颜色，而是为了更好、更美地展示我们的图像内容而额外添加的。我们的身体并不是这些五颜六色的"艺术照"，它是一件超复杂而又精细的杰作，一个具备超强防御功能的生物工程学奇迹。而一旦这个防御系统被疾病所打破，我们的机体就需要借助科学的力量，携手对抗侵入机体的"妖魔鬼怪"。正如我们所熟知的——科学是如此的美妙。

那么现在请准备好开启这场科学之旅吧。

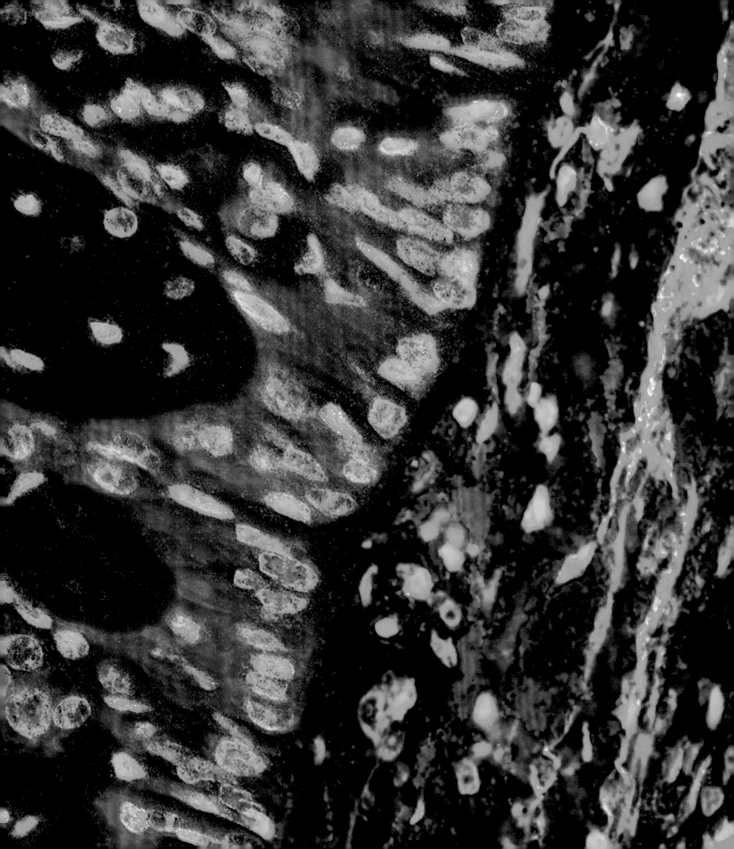

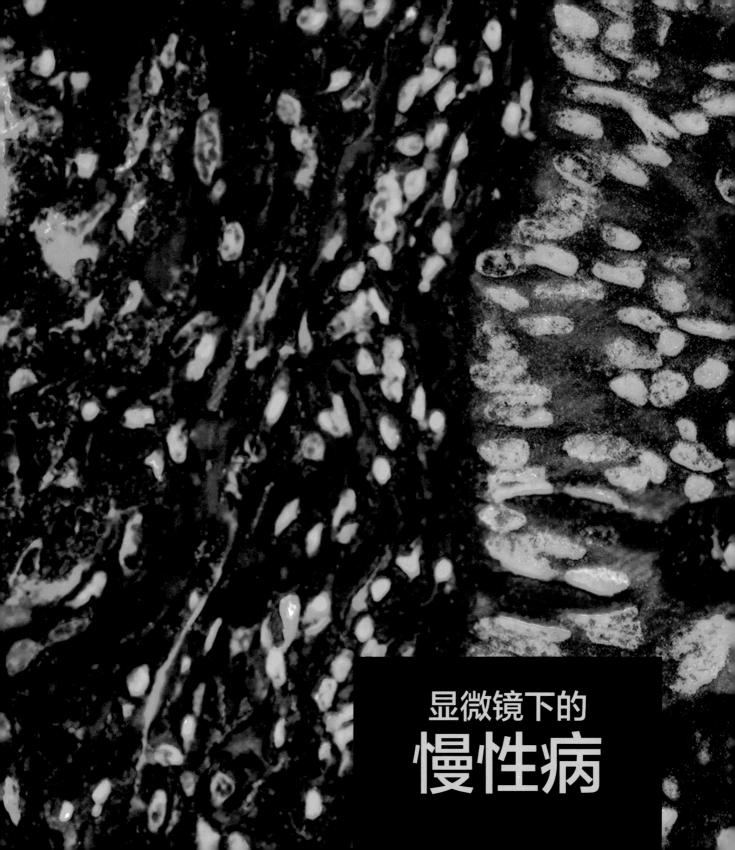

显微镜下的
慢性病

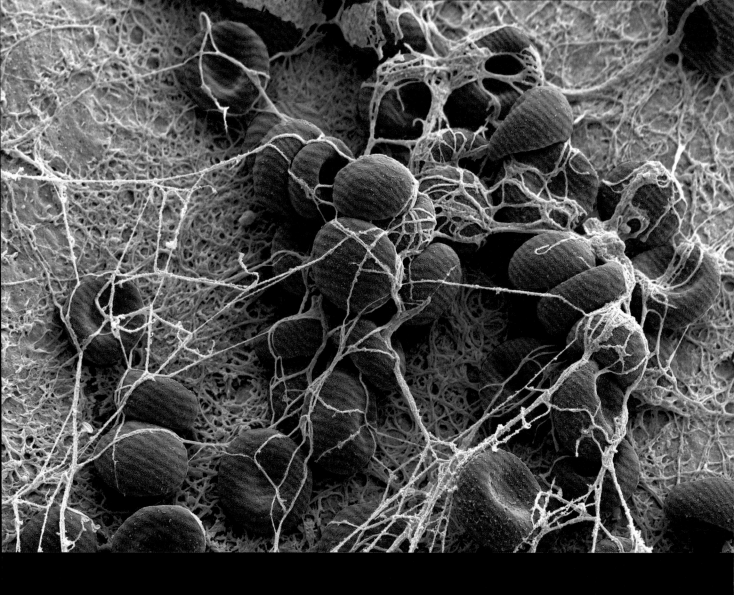

篇章页图：肺癌结缔组织增生（荧光显微镜图像）

肺癌细胞（核呈蓝色的红色细胞）可以促进其周围间质（结缔组织，绿色）纤维化，最终形成类似瘢

上图：在肺组织中形成的血栓（扫描电子显微镜图像）

血栓由纤维蛋白（一种糖蛋白）组成，它们交织成网状，捕捉并截获从伤口溢出的血细胞（红色）。血

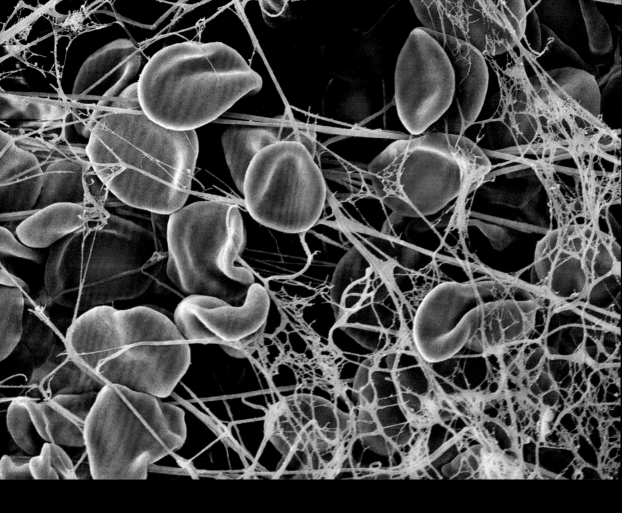

血栓（扫描电子显微镜图像）

　　左页和本页这两张扫描电子显微镜拍摄的图像，展示了纤维蛋白网捕获血细胞形成的血栓。当我们出血时，血液中的血小板激活释放纤维蛋白，能帮助减少失血。但在体内，血栓也可能会从血管壁发生脱落，并导致栓塞，常会引发中风和心脏病发作。临床上可以使用肝素和华法林等抗凝药来降低患血栓的风险。（放大倍数：未知）

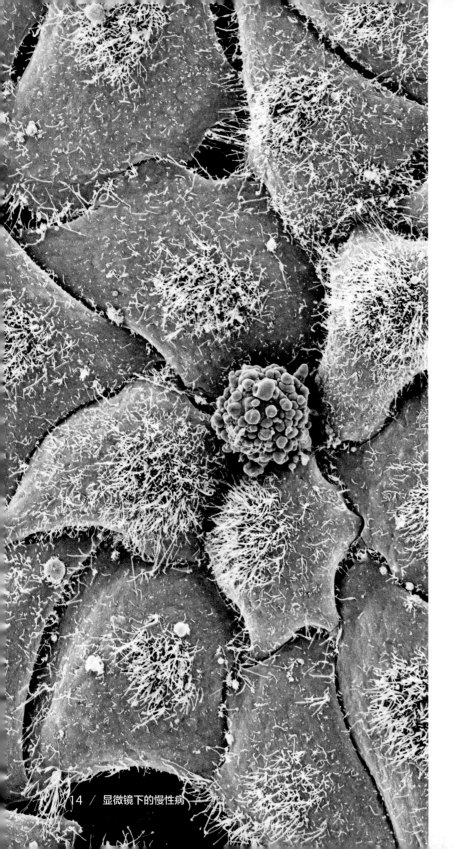

左图：海拉细胞（扫描电子显微镜图像）

著名的海拉细胞中的"海拉"（HeLa）是亨利埃塔·莱克（Henrietta Lack）姓名的缩写。当她死于宫颈癌时，医生保留了她的肿瘤样本。他们发现其细胞（海拉细胞）在实验室条件下可以继续分裂、再生。永生且高度一致的海拉细胞已经成为医学研究中非常重要的实验材料，广泛应用于肿瘤及其他各种疾病的研究中。图中央所示为正在死亡的海拉细胞，它通过产生大量的凋亡小体（如图所示，覆盖整个细胞）有效防止其毒性代谢产物对周围组织造成伤害。（放大倍数：未知）

右图：海拉细胞（多光子荧光显微镜图像）

1954 年，科学家们利用海拉细胞系成功研制出了脊髓灰质炎疫苗。然而引起广泛争议的是，海拉细胞的采集、留存并未征询患者本人的同意。她也无法知晓自己的肿瘤细胞自此之后一直在为艾滋病、辐射和许多其他领域的科学研究（如人类对胶水和化妆品等日常材料的敏感性）做着巨大贡献。图中的粉色部分为源自细胞核的微管蛋白，位于细胞中央的蓝色部分为 DNA。（放大倍数：500 倍，原图宽度为 10cm）

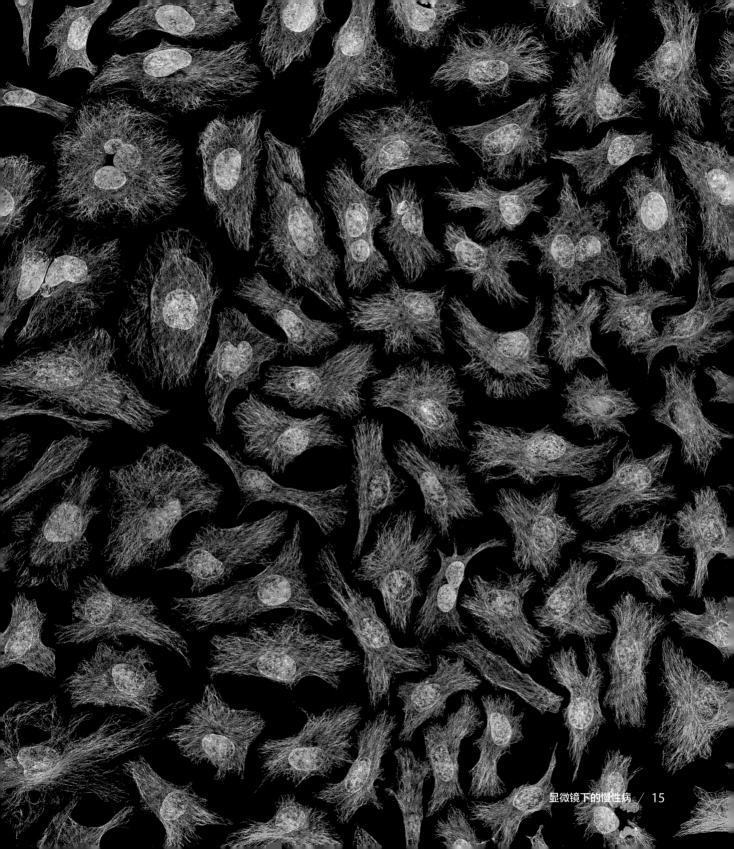

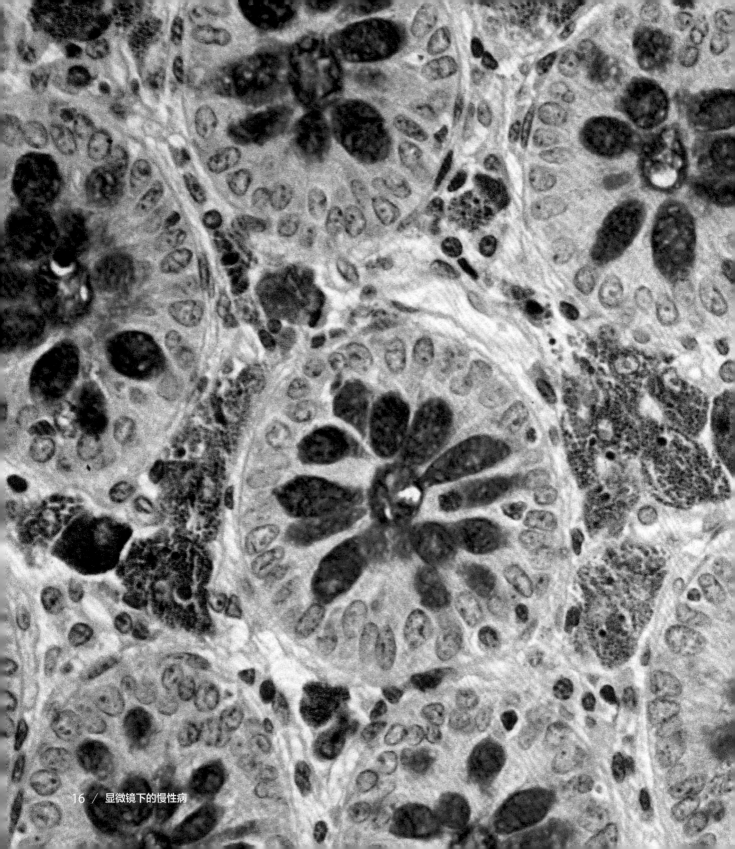

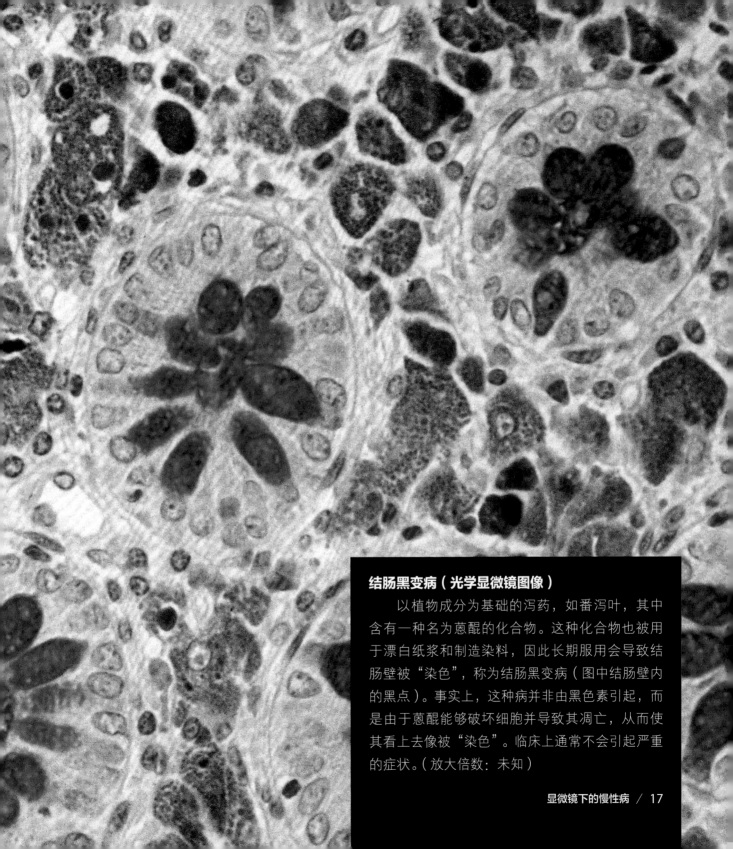

结肠黑变病（光学显微镜图像）

　　以植物成分为基础的泻药，如番泻叶，其中含有一种名为蒽醌的化合物。这种化合物也被用于漂白纸浆和制造染料，因此长期服用会导致结肠壁被"染色"，称为结肠黑变病（图中结肠壁内的黑点）。事实上，这种病并非由黑色素引起，而是由于蒽醌能够破坏细胞并导致其凋亡，从而使其看上去像被"染色"。临床上通常不会引起严重的症状。（放大倍数：未知）

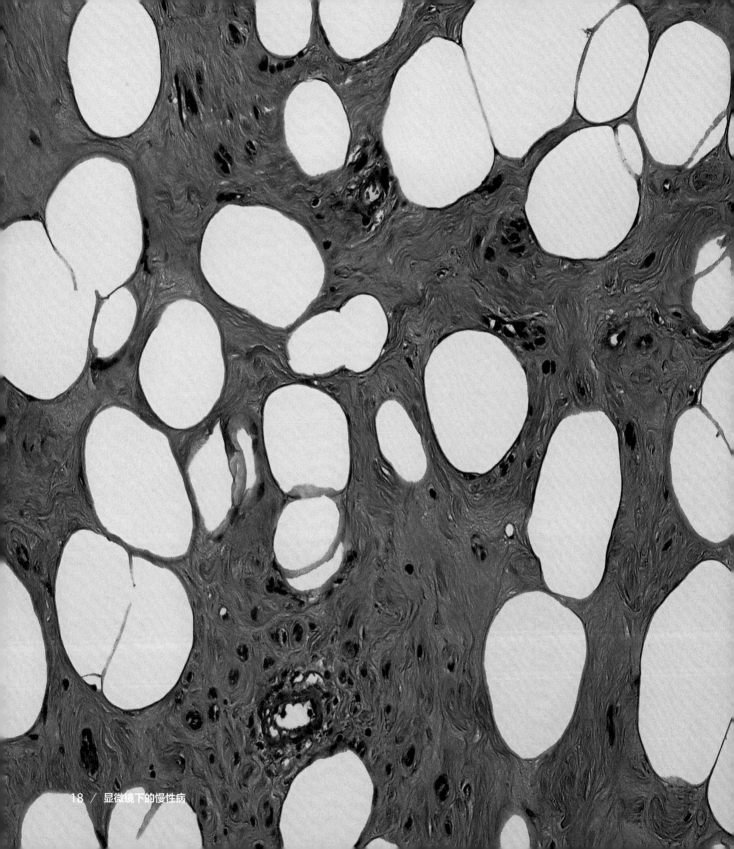

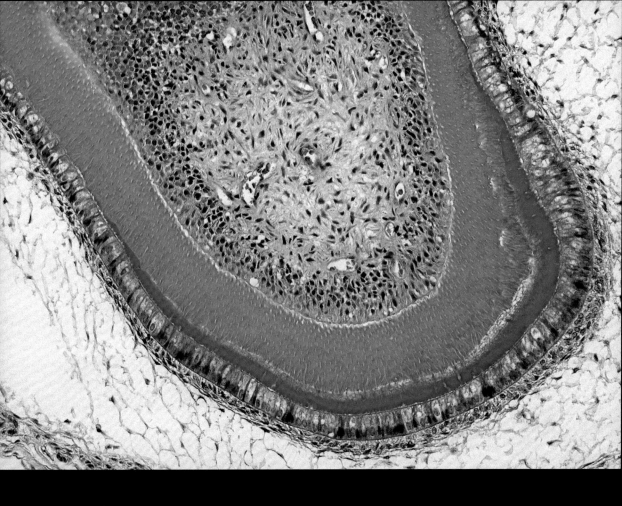

左图：子宫平滑肌瘤（光学显微镜图像）

　　子宫由脂肪细胞（浅绿色）和平滑肌（蓝色）组成。子宫平滑肌瘤属于子宫良性肿瘤，但在经期或发生性行为时，可能会引起下背部不适，或压迫膀胱。子宫平滑肌瘤具有一定遗传性，即一个家族中存在多个女性得病，这可能与激素水平有关。但该病与子宫恶性肿瘤没有必然的因果关系。（放大倍数：60 倍，原图宽度为 10cm）

上图：皮样卵巢囊肿（光学显微镜图像）

　　图中为皮样卵巢囊肿内发育的牙齿切片。卵巢包含了能够发育为人体所有细胞的组成成分，所以当囊肿发生时，其中便可能含有骨骼、毛囊、汗腺甚至牙齿等组织成分。虽然卵巢囊肿为良性，但它们长势凶猛甚至可能发生蒂扭转，从而引起腹痛。当然，临床上一般通过简单的手术即可将其摘除。（放大倍数：150 倍，原图宽度为 10cm）

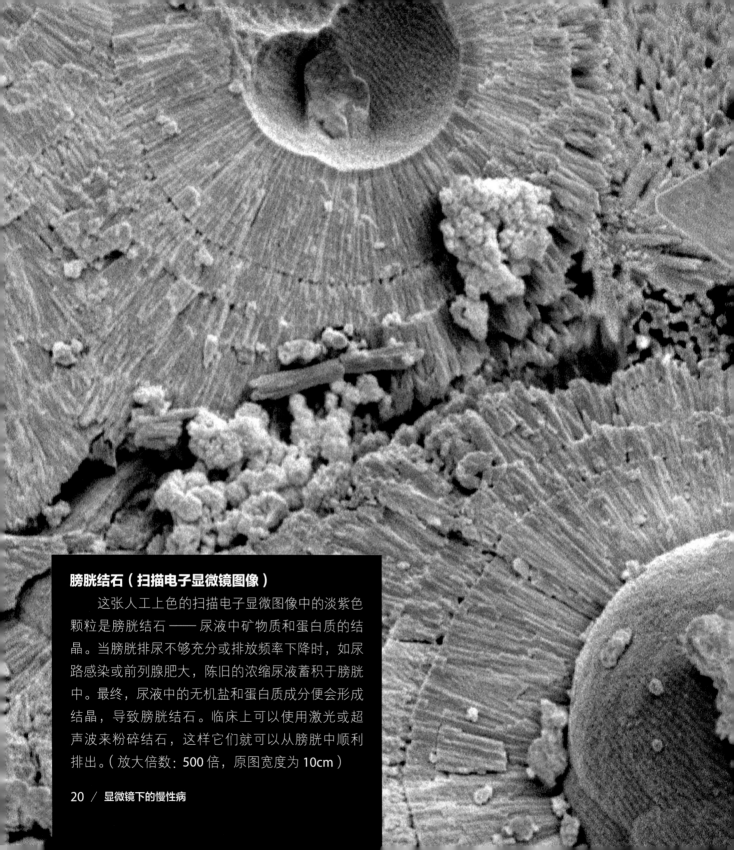

膀胱结石（扫描电子显微镜图像）

　　这张人工上色的扫描电子显微图像中的淡紫色颗粒是膀胱结石 —— 尿液中矿物质和蛋白质的结晶。当膀胱排尿不够充分或排放频率下降时，如尿路感染或前列腺肥大，陈旧的浓缩尿液蓄积于膀胱中。最终，尿液中的无机盐和蛋白质成分便会形成结晶，导致膀胱结石。临床上可以使用激光或超声波来粉碎结石，这样它们就可以从膀胱中顺利排出。（放大倍数：500 倍，原图宽度为 10cm）

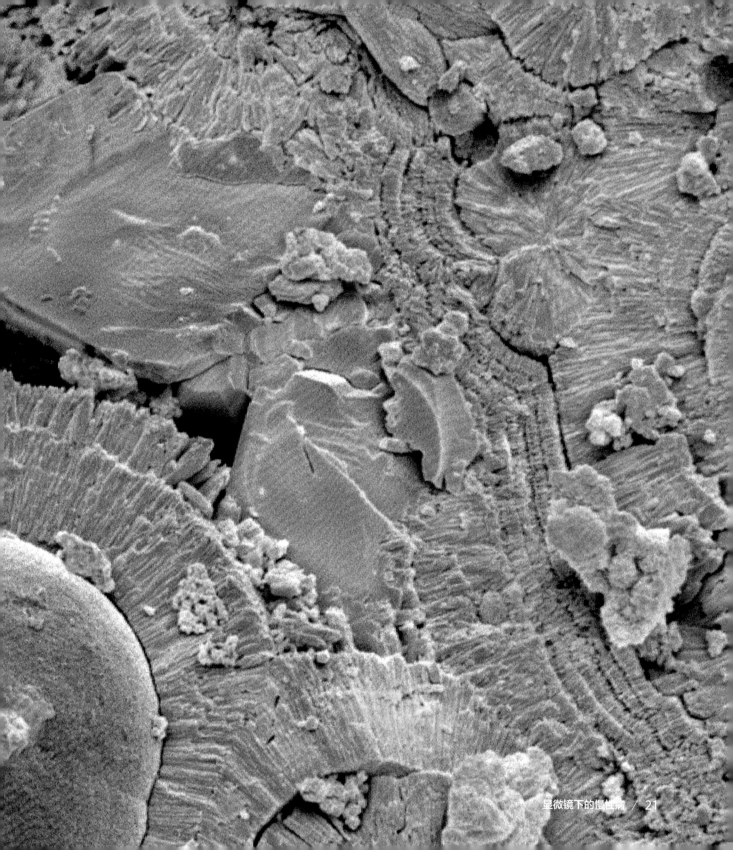

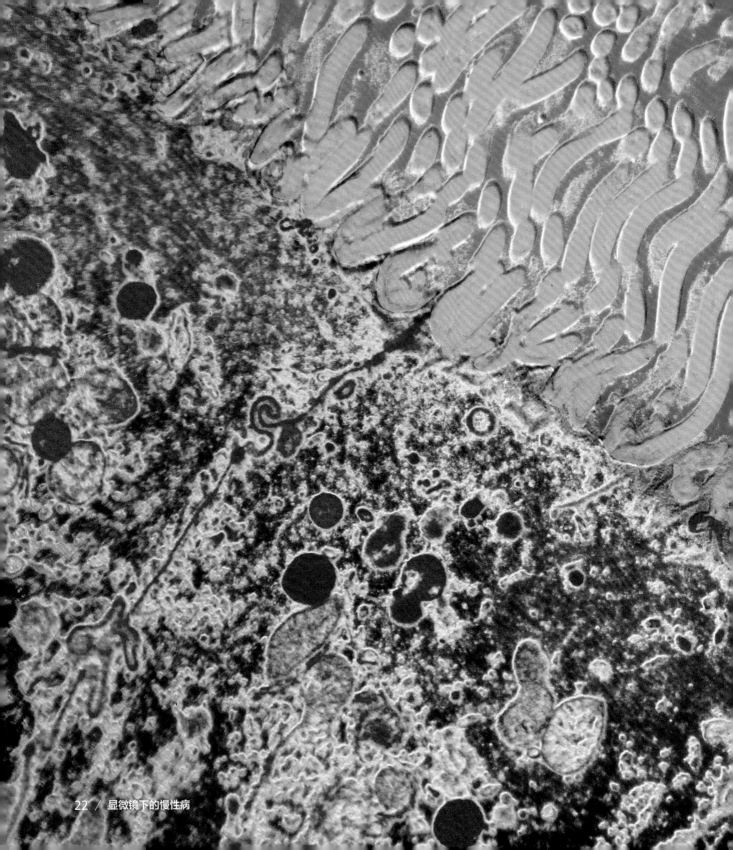

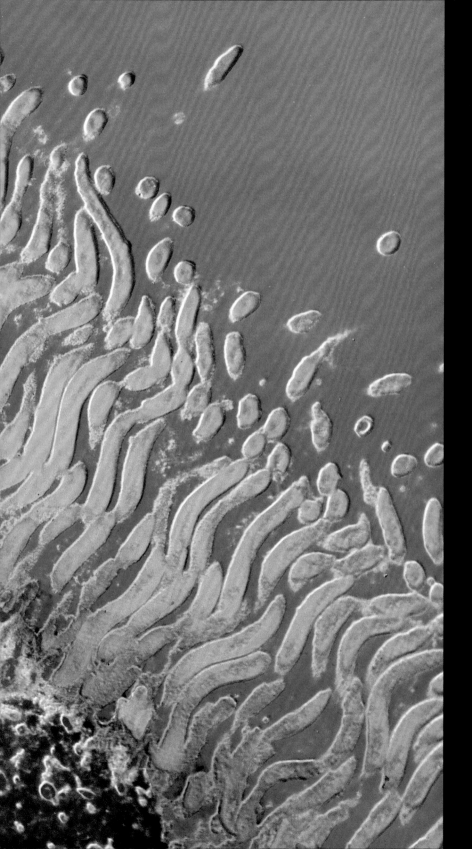

十二指肠内的密螺旋体（彩色透射电子显微镜图像）

　　图中的粉色和橙色团块是十二指肠（小肠起始端）的内壁。其上附着的是密螺旋体（黄色蠕虫状，一种细菌），呈螺旋形。临床上很多令人深恶痛绝的皮肤病都与它的各个亚种有关，比如皮疹、雅司病和梅毒等。虽然不同疾病传播病原体的方式各不相同，但都可以使用抗生素，特别是青霉素来进行治疗。（放大倍数：4500倍，原图尺寸为6cm×4.5cm）

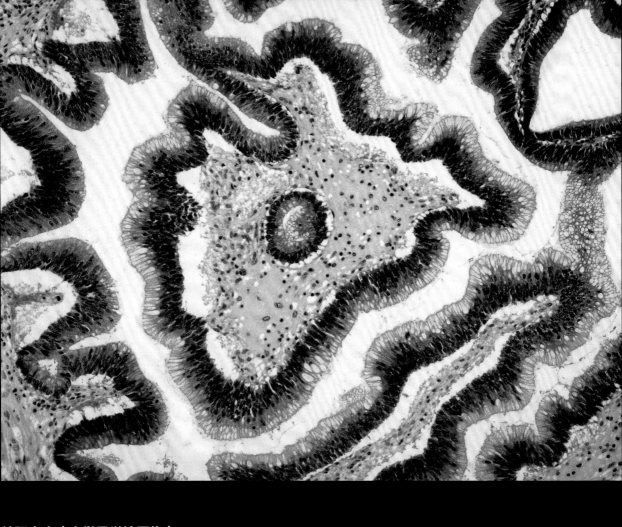

结肠息肉（光学显微镜图像）

　　图中为结肠绒毛状腺瘤性息肉的横截面，可以看到从肠壁长出的多叶细胞簇。这种息肉一般不

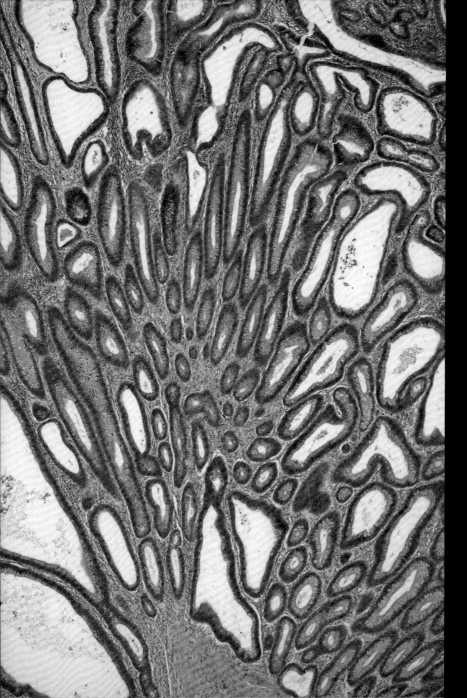

结肠腺瘤（光学显微镜图像）

　　腺瘤性息肉源自结肠黏膜腺细胞，可呈管状或绒毛状（如图所示的多叶样），有时二者也可同时出现。这是由于腺细胞的 DNA 发生改变，从而导致其增殖，甚至可引发癌症。腺瘤的发生与不良的饮食习惯和缺乏锻炼存在一定关联，常见于50 岁以上的人群中。因此最好能够定期进行结肠镜检查，以便尽早发现，防止息肉恶变。（放大倍数：80 倍，原图宽度为10cm）

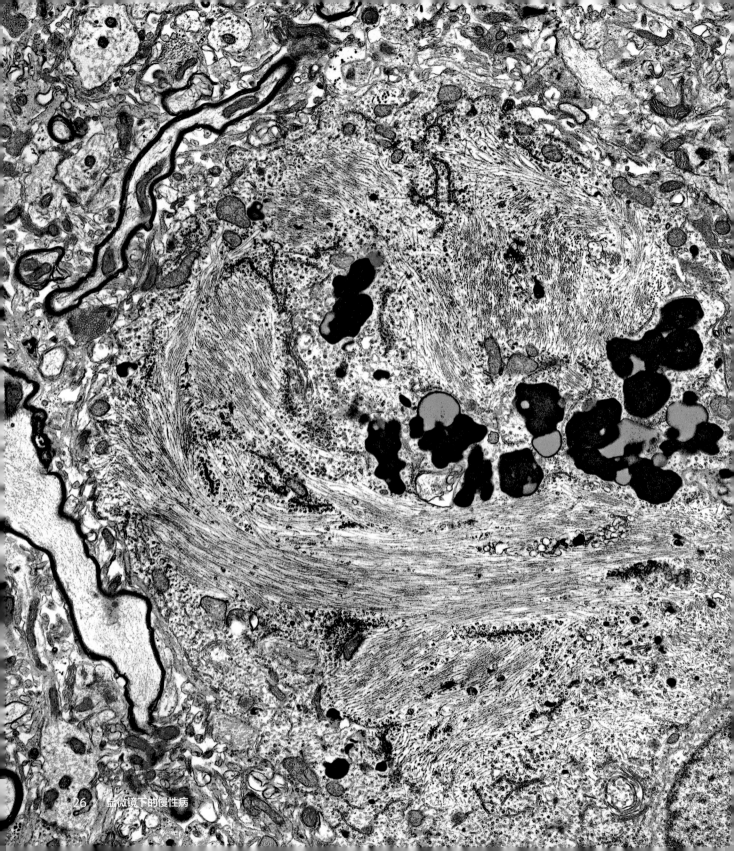

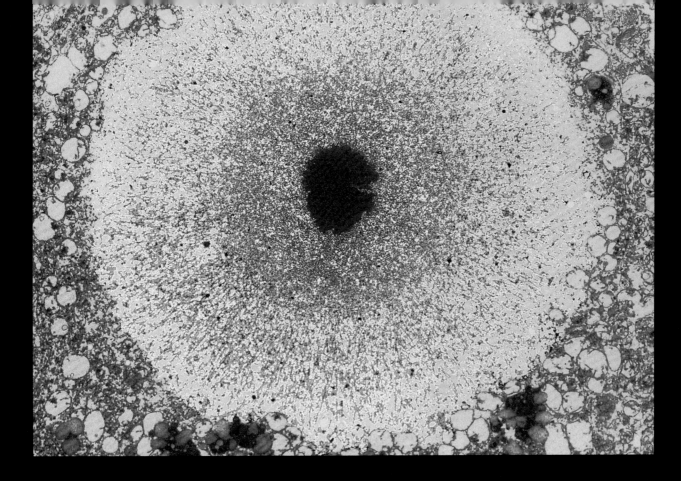

左图：阿尔茨海默病患者的脑细胞（透射电子显微镜图像）

图中为阿尔茨海默病患者的脑细胞。细胞质（充斥整个细胞并支撑细胞骨架的液体）呈蓝色，其中蛋白质纤维（绿色）相互缠绕呈旋涡状（亦可见于克雅氏病和其他神经疾病），这是由 Tau 蛋白过量所引起的。正常情况下，**Tau** 蛋白能够起到稳定细胞微管骨架的作用。（放大倍数：2000 倍，原图宽度为 10cm）

上图：帕金森氏病患者脑中的路易小体（透射电子显微镜图像）

黑质是大脑中负责控制运动的部分，帕金森氏病的一个重要特异性表现就是黑质内神经元中存在路易小体。路易小体（蓝色）是由 α- 突触核蛋白 —— 生理状态下负责神经元的信息传递 —— 组成的纤维簇状结构。在病理状态下路易小体形成后，则会抑制神经元间的信息传递，并导致震颤和运动受限等帕金森氏病典型症状。（放大倍数：2750 倍，原图尺寸为 6cm×7cm）

惠普尔病（光学显微镜图像）

　　惠普尔病可以损害包括心脏和肺在内的很多器官，其中最常见的是小肠。它可以抑制人的肠道吸收营养，引起腹泻、体重减轻和疲劳等。惠普尔首先描述了这种病——由一种名为惠普尔养障体（Tropheryma whipplei）的细菌引起，图中显示为肠壁内的黑色小泡。惠普尔病在不治疗的情况下可致人死亡，可长期应用抗生素来进行临床治疗。（放大倍数：560倍，原图宽度为10cm）

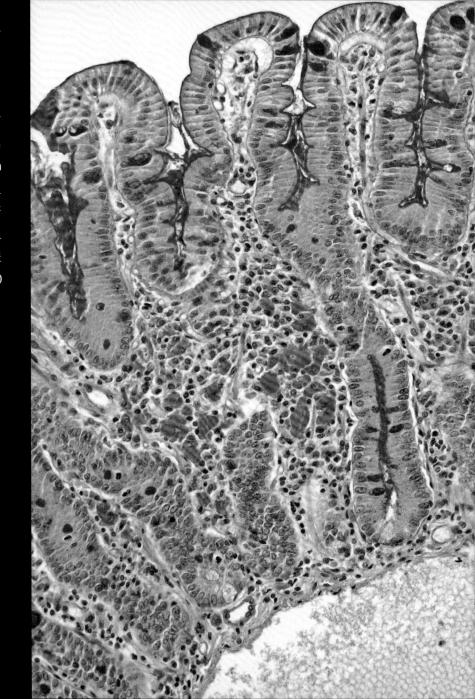

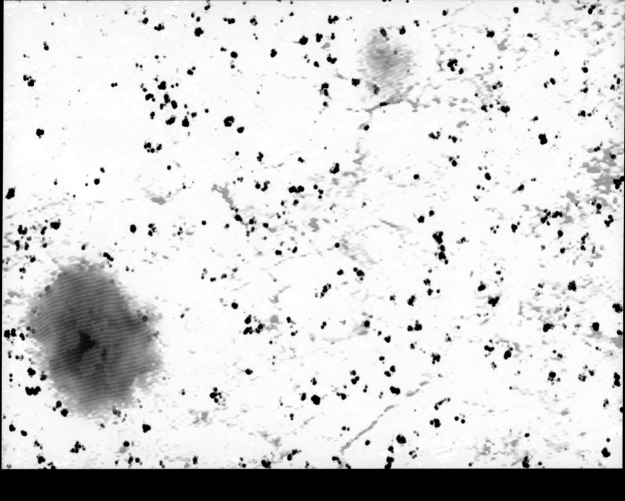

克雅氏病（光学显微镜图像）

克雅氏病（CJD）可在老年人中自行发病，但更多是因接受该病患者的移植器官或食用患有海绵状脑病（BSE）的病牛的肉而感染。图中为克雅氏病患者的大脑，呈海绵状外观。其中黄色脑组织内有许多空白区域，它们包围着神经细胞（红色），从而阻断神经细胞间的信息传递。该病的临床表现为记忆力丧失、痴呆症和不自主运动。（放大倍数：未知）

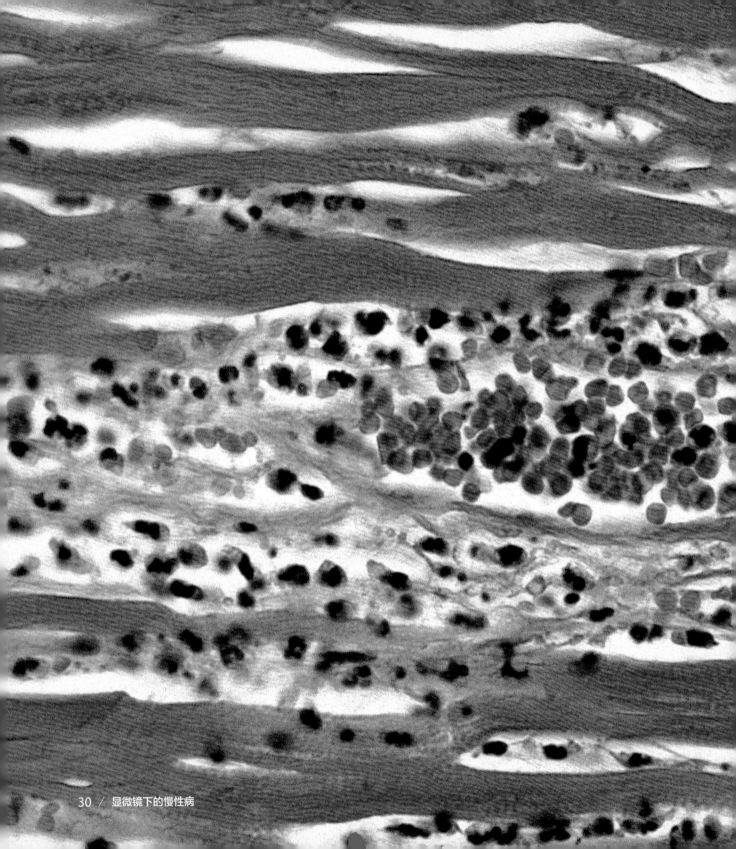

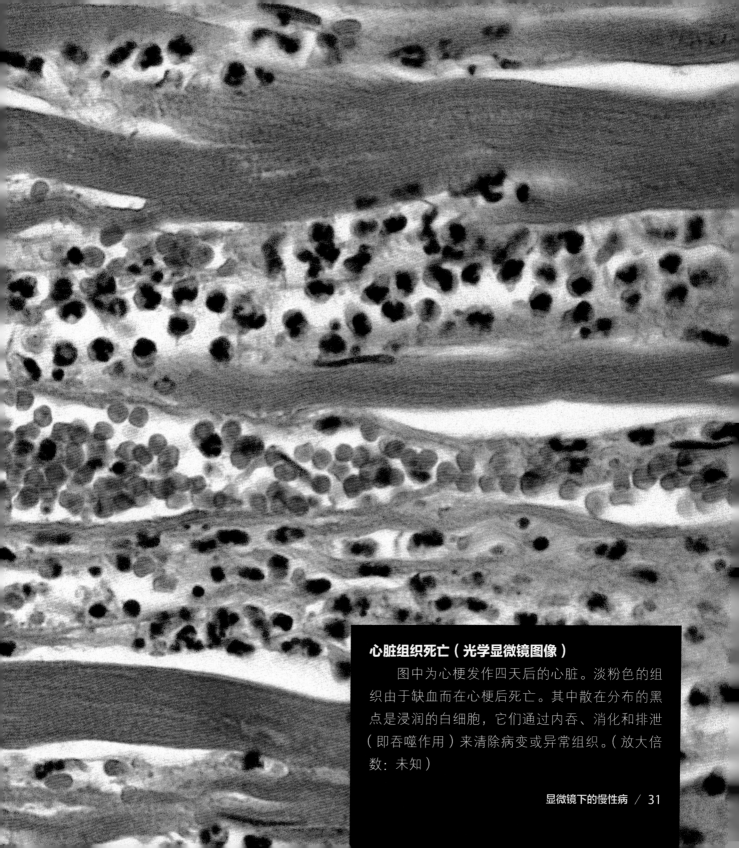

心脏组织死亡（光学显微镜图像）

　　图中为心梗发作四天后的心脏。淡粉色的组织由于缺血而在心梗后死亡。其中散在分布的黑点是浸润的白细胞，它们通过内吞、消化和排泄（即吞噬作用）来清除病变或异常组织。（放大倍数：未知）

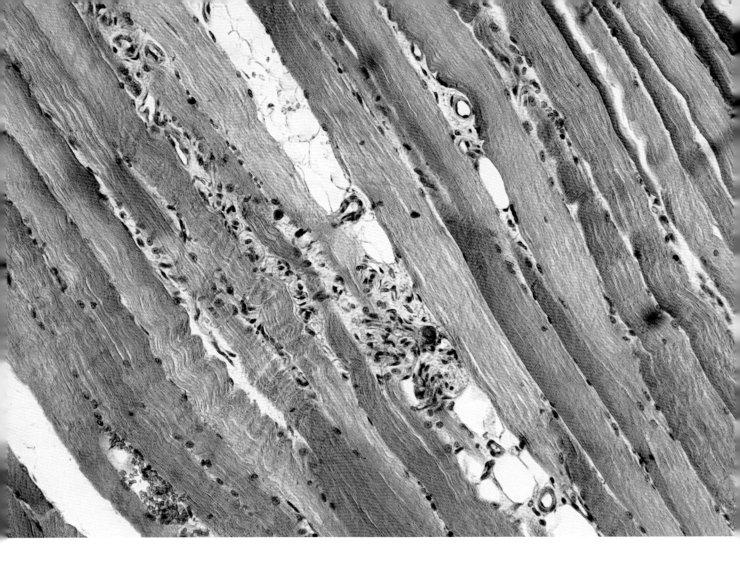

库欣综合征（光学显微镜图像）

　　我们的肾上腺除了可以分泌肾上腺素外，还分泌其他许多激素，皮质醇便是其中之一。皮质醇过量分泌可导致库欣综合征。该病症患者肌肉（图中为粉色）会发生萎缩，而脂肪向心性堆积，患者会出现典型的圆脸和腹部、肩部肥胖但四肢细长的症状，被称为向心性肥胖。此外，高血压和皮肤变差也是该综合征的常见症状。该综合征在女性中的发病率要远高于男性。（放大倍数：未知）

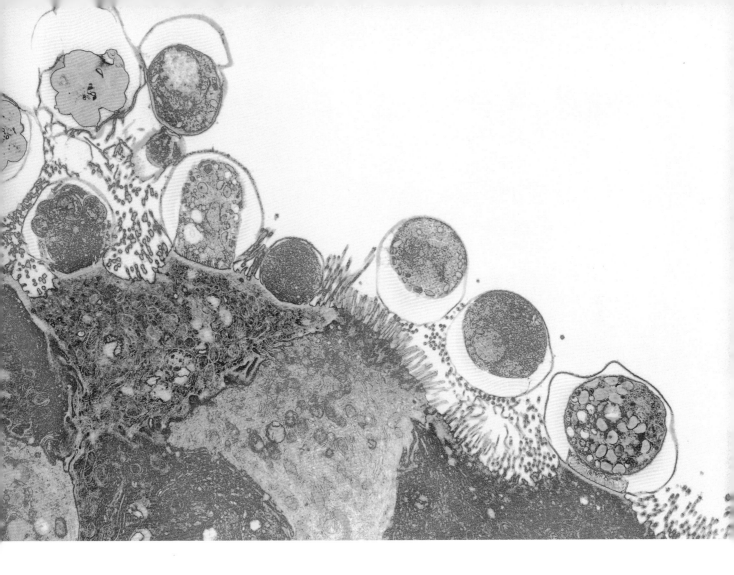

隐孢子虫病（透射电子显微镜图像）

隐孢子虫是一种单细胞寄生虫（细胞核呈蓝色），通过污染牛奶或水源而感染人类。在这张图中，它们正在攻击肠壁（红色）。它们通过向肠道释放毒素，引起腹部痉挛性疼痛和严重的腹泻。一般情况下，正常人群可以通过补水和服用止泻药来对症治疗，但对于免疫力低下者，这一感染仅靠对症治疗不太奏效。隐孢子虫病的传染性很强。（放大倍数：2200倍，原图尺寸为6cm×7cm）

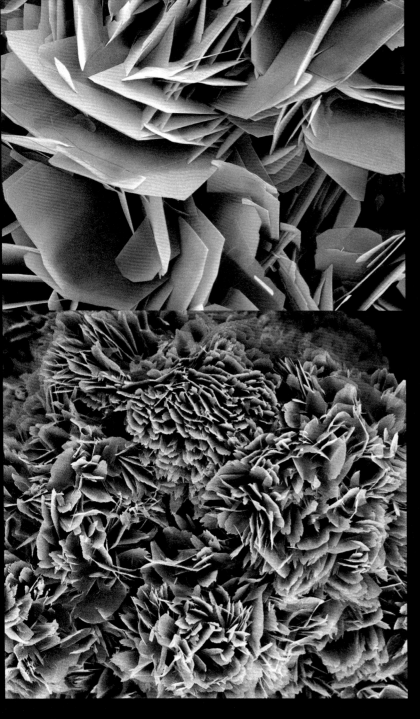

肾结石晶体（扫描电子显微镜图像）

图中这些精美的"花瓣"是肾结石结晶。我们的尿液中存在一种无机盐成分——草酸钙，当其浓度上升时，便会沉淀形成固体结晶，即肾结石。这种疾病常由饮食问题[①]，以及脱水或甲状旁腺机能亢进症等引起。如果结石体积较小，则可以通过尿路安全地排出肾脏；但如果体积较大则会引起尿路坎顿导致患者剧烈疼痛，有时候必须使用超声波或激光碎石来进行治疗。（放大倍数：未知）

---

① 具体为摄入高嘌呤、高钠、低镁、高动物蛋白的饮食问题。——译者注

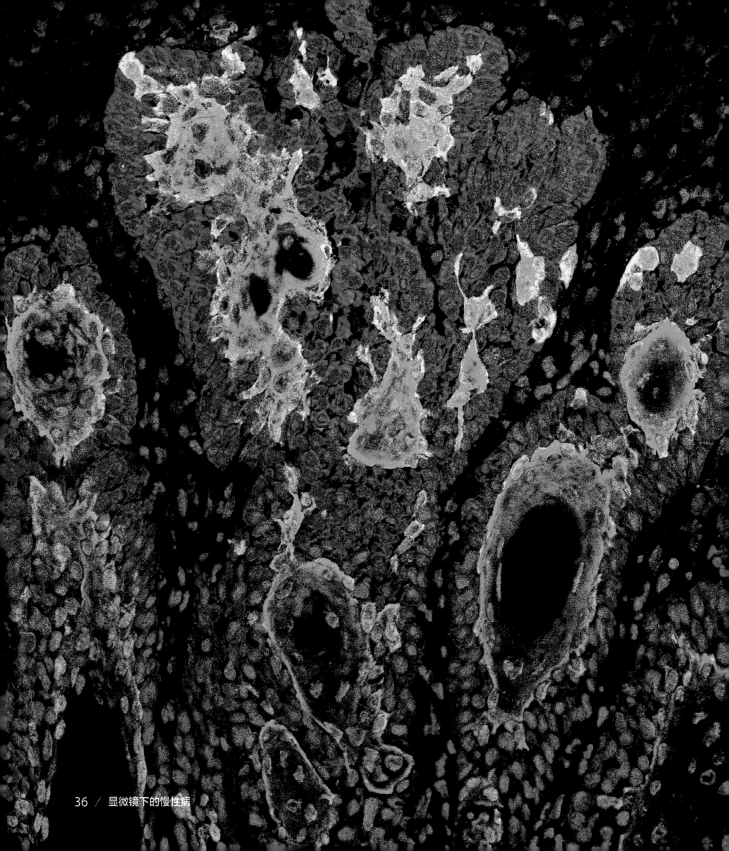

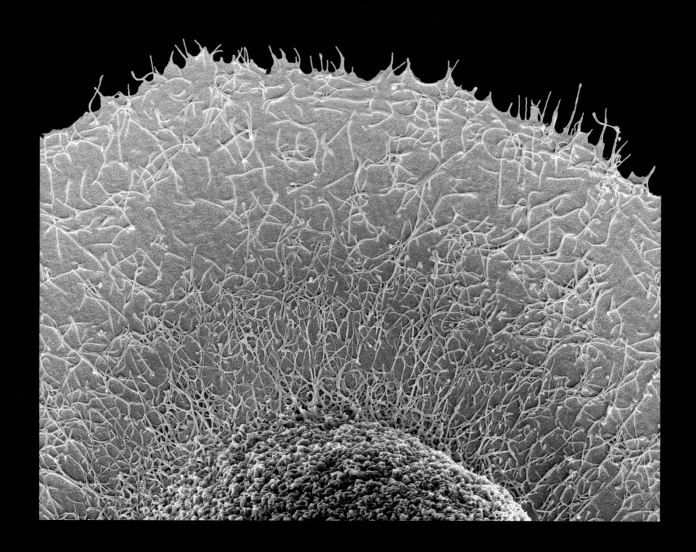

左图：鳞癌细胞（荧光显微镜图像）

　　鳞状细胞属于表皮细胞，呈扁平状，负责物质扩散或滤过，因此表面积的大小对其发挥功能至关重要。鳞状细胞主要分布在肺、口腔、阴道、心脏和血管等处。皮肤鳞癌是最常见的皮肤癌类型。图中蓝色为细胞核，绿色为角蛋白，角蛋白包围着癌细胞，通过连接其他角化细胞形成鳞癌并侵犯邻近组织。（放大倍数：未知）

上图：结肠癌细胞（扫描电子显微镜图像）

　　这张绚丽的人工染色图像显示的是结肠（或大肠）中的癌细胞。结肠癌是发达国家最常见的癌症之一，常由吸烟、肥胖、过度摄入红肉和酒精等引起。常见症状包括腹痛和便血，临床上通常采用手术切除和放化疗相结合的方法进行治疗。（放大倍数：1500 倍，原图宽度为 10cm）

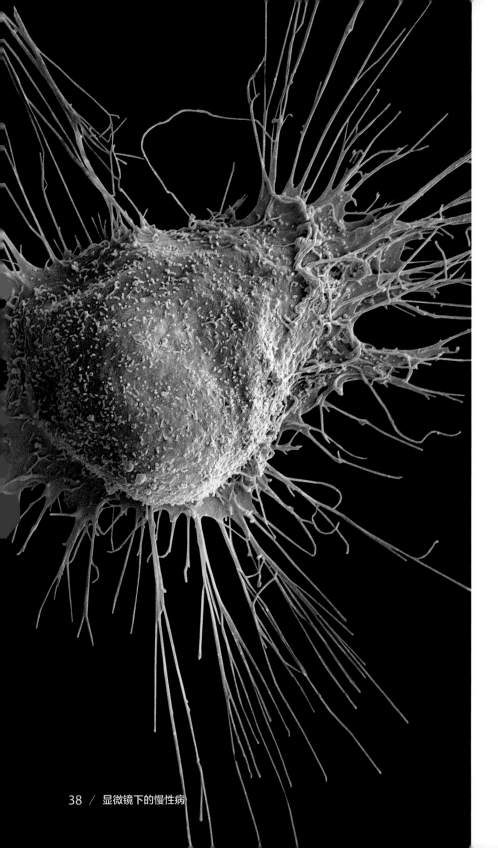

左图：前列腺癌细胞（扫描电子显微镜图像）

前列腺是位于男性膀胱下方的一个腺体，尿道根部穿行其中。前列腺癌常见于50岁以上男性，可以压迫尿道，从而引起尿路梗阻。通常癌症由细胞的相关基因突变引发，但引发前列腺癌的确切因素尚不清楚。前列腺肿瘤通常生长缓慢，在不少发达国家和地区，在疾病早期即可被诊断。（放大倍数：2000倍，原图宽度为10cm）

右图：乳腺癌细胞（扫描电子显微镜图像）

图中为乳腺癌细胞，这张高度放大的图像清楚地显示了细胞典型的凹凸不平的表面。癌细胞丧失了正常细胞的特性，它们繁殖迅速、形态紊乱且分化不完全，这就解释了它们表面凹凸不平的原因。它们一方面聚集成肿瘤团块，侵袭周围的组织，另一方面也会转移到全身其他部位，引起转移瘤。乳腺癌是女性中最常见的癌症，临床上可以通过手术切除并结合化疗等方式进行治疗。（放大倍数：未知）

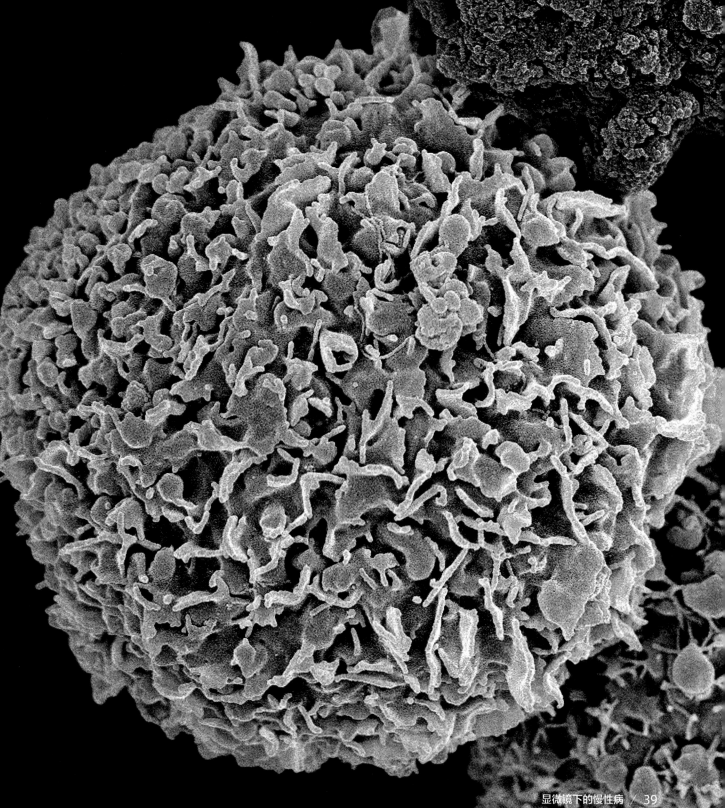

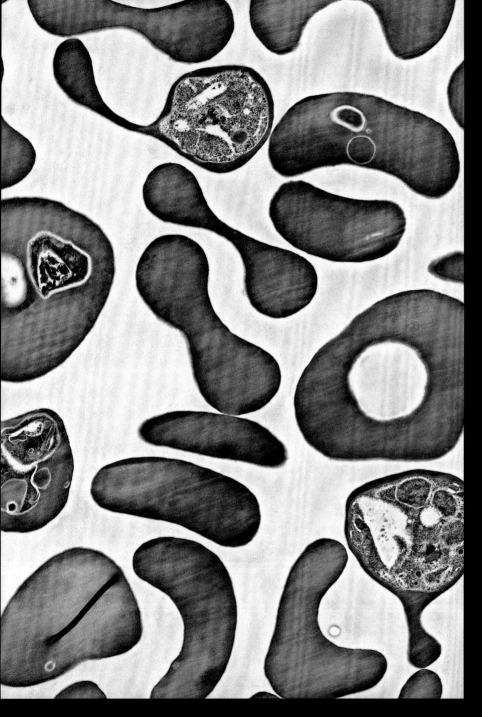

在这张图中，我们可以很容易地识别出那些被疟原虫寄生感染的异常红细胞。在红细胞内，疟原虫可以消耗血红蛋白并增殖，其随细胞裂解被释放进入血液，又转移到新的红细胞内定居，以获得营养。血红蛋白的缺乏可以导致患者贫血，而随着疟原虫不断周期性地释放入血液中，患者会出现周期性寒热发作（如每隔2~3天发作一次），具体的时间间隔因各种疟原虫繁殖周期的不同而不同。（放大倍数：未知）

右图：被疟原虫感染的红细胞（扫描电子显微镜图像）

疟原虫的生活史有很多阶段。首先它通过蚊子的叮咬进入人体，随后发育为子孢子，寄生于肝细胞内。在这里，经过数千次裂体增殖后，裂殖子从肝细胞中被释放出来，进而感染红细胞。图中显示了数个健康的圆形红细胞和一个被裂殖子感染的扭曲的红细胞。它可以在红细胞内进行20次左右的裂体增殖，继续释放裂殖子，并如此循环往复。（放大倍数：7000倍，原图宽度为10cm）

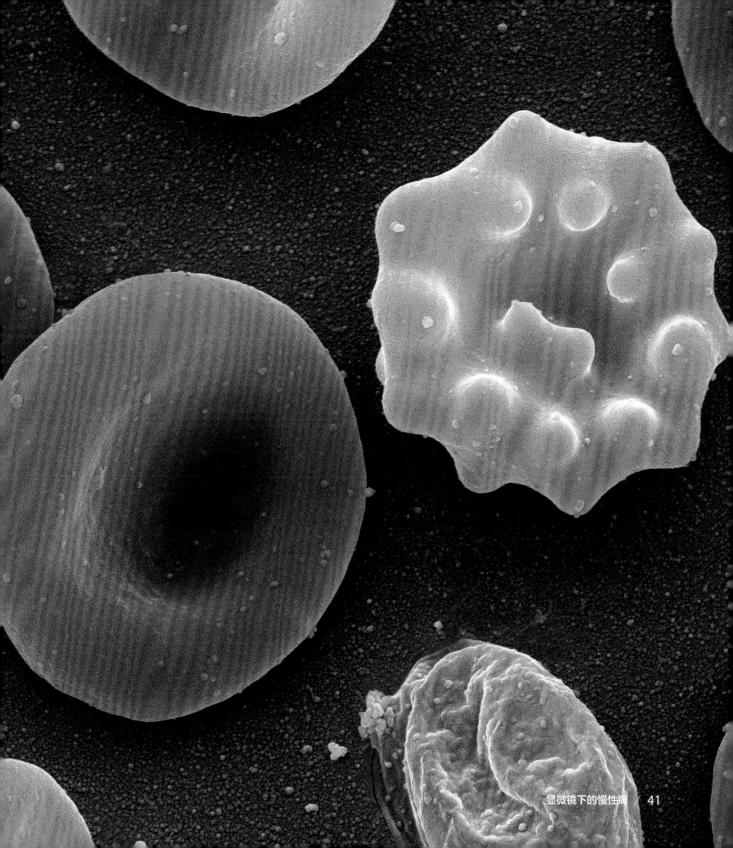

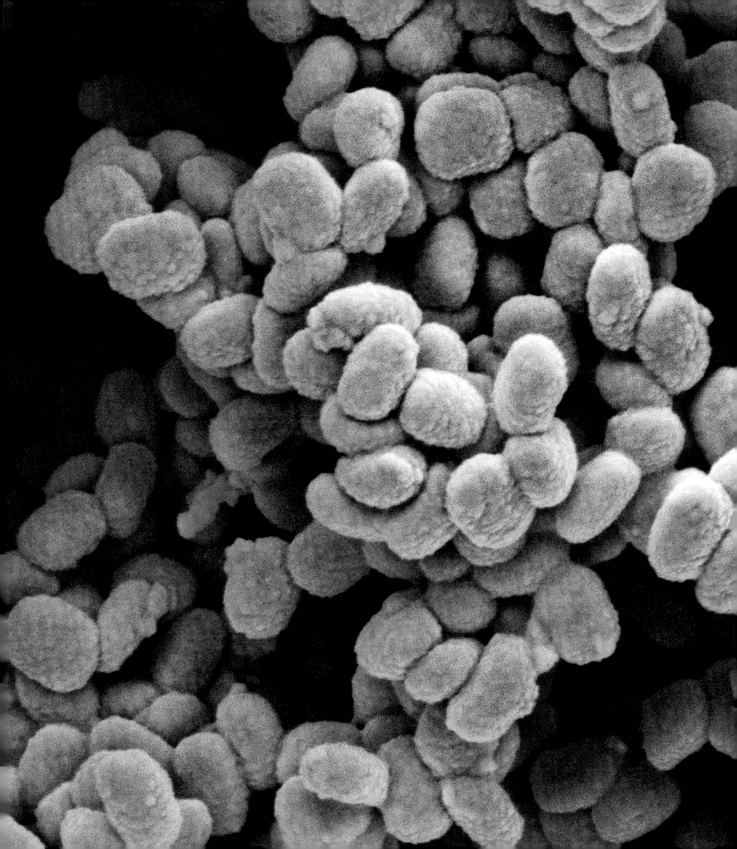

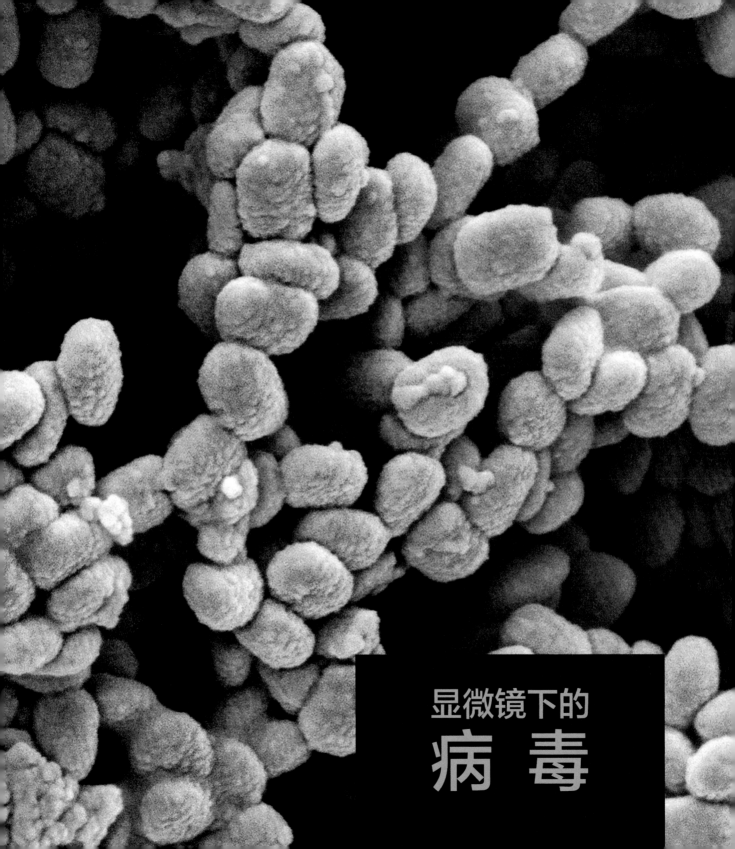

显微镜下的
病 毒

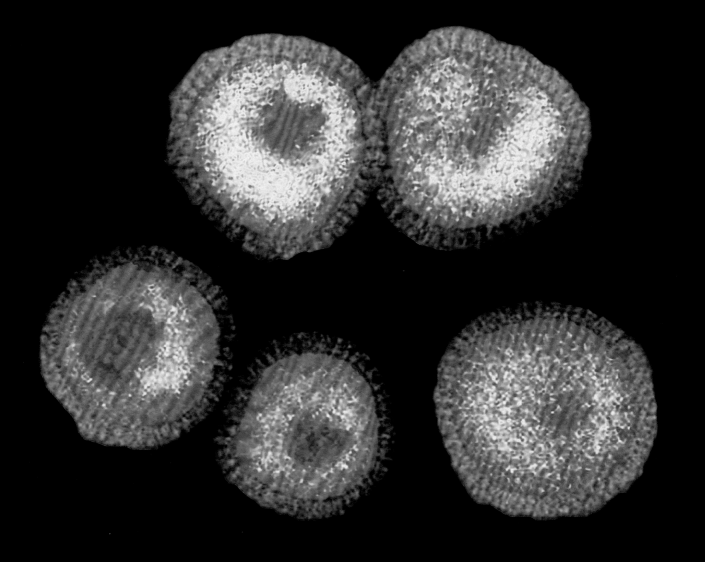

篇章页图：痘病毒（扫描电子显微镜图像）

传染性软疣病毒（MCV）是痘病毒的一种，顾名思义，其具有高度传染性。然而大多数正常人群能对它免疫，仅有部分免疫力较弱或免疫功能不全的人群才容易发病，如儿童、体弱者和性滥交者等。该病会导致患者出现痘状或水疱状赘生物，并且除了直接接触感染，该病也可以通过间接接触感染者污染的衣物、家具等物品感染。（放大倍数：20000 倍，原图宽度为 10cm）

上图：猪流感病毒（透射电子显微镜图像）

图中这些病毒粒子（病毒体）属于猪流感病毒（H1N1，H 和 N 分别代表血凝素和神经氨酸酶两种糖蛋白成分），其是引发 2009 年流感疫情的罪魁祸首，也可能是 1918 年的西班牙大流感的元凶。西班牙大流感感染了全球近 5 亿人，其中有 5000 万～1 亿例患者死亡，占当时世界人口的比例达 3%～5%。（放大倍数：未知）

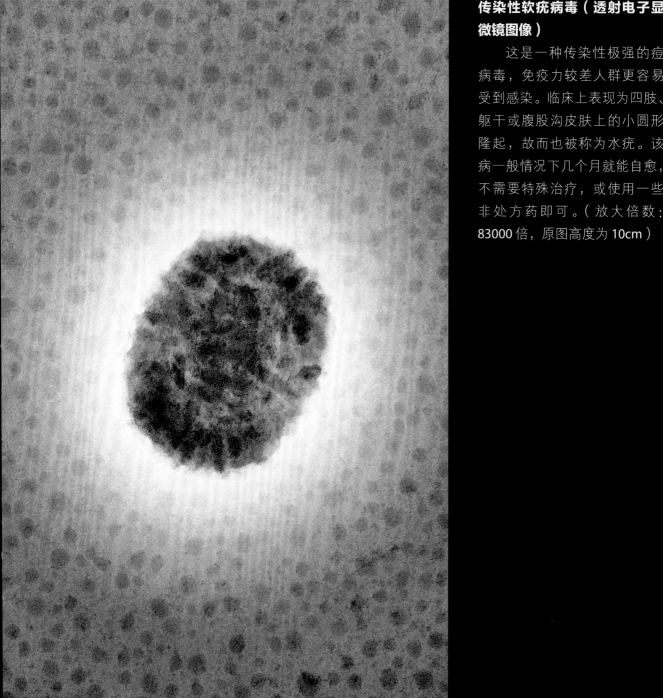

传染性软疣病毒（透射电子显微镜图像）

　　这是一种传染性极强的痘病毒，免疫力较差人群更容易受到感染。临床上表现为四肢、躯干或腹股沟皮肤上的小圆形隆起，故而也被称为水疣。该病一般情况下几个月就能自愈，不需要特殊治疗，或使用一些非处方药即可。（放大倍数：83000倍，原图高度为10cm）

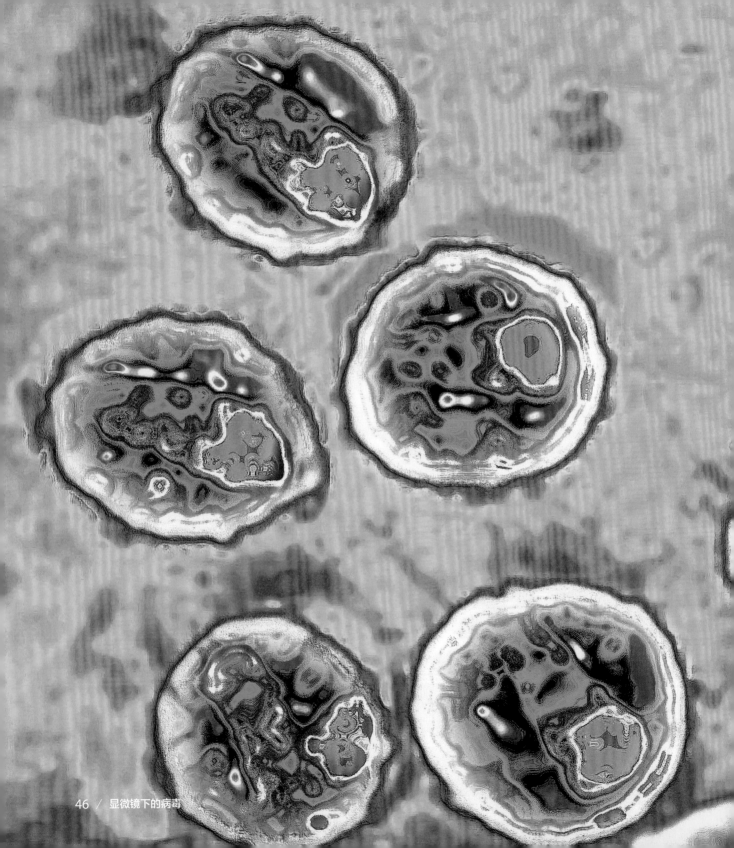

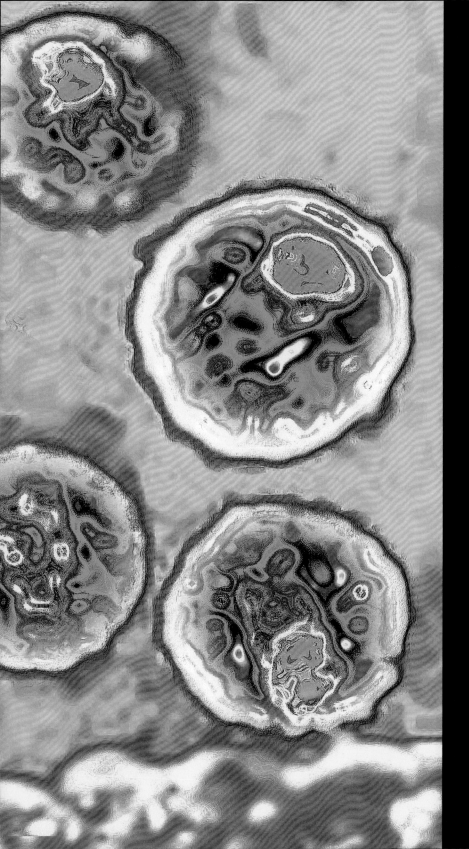

人免疫缺陷型病毒（透射电子显微镜图像）

图中为正要攻击白细胞的人免疫缺陷型病毒（HIV，图片底部的黄色边缘处）。HIV 能够侵入人体血液内的淋巴细胞，在细胞内复制，并最终使其裂解释放出更多病毒而感染更多细胞。淋巴细胞在人类的免疫系统中起着至关重要的作用，因而淋巴细胞被大量破坏的艾滋患者对于各类疾病和感染更无抵抗力。（放大倍数：未知）

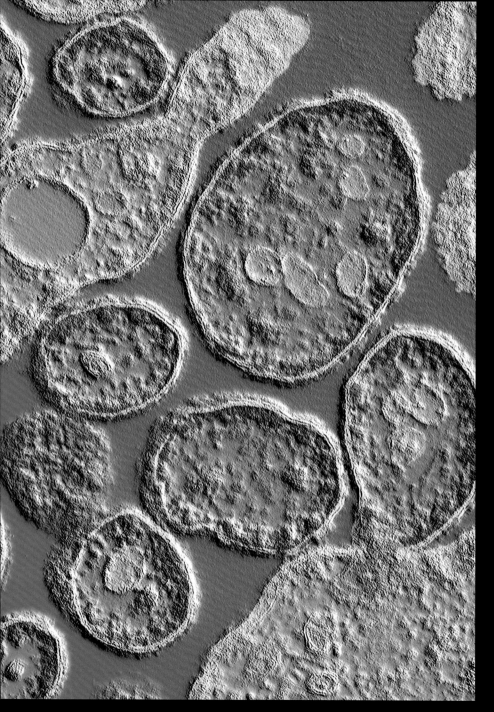

麻疹病毒只能感染人类，目前认为它可能是由牛瘟病毒突变而来的。2001 年，人类彻底消灭了牛瘟，疫苗接种计划使得美洲国家在 2016 年消除了麻疹。图中紫色部分是一种蛋白质，病毒借此来吸附宿主细胞。在右下角，可以看到麻疹病毒体正从宿主细胞（灰色）中释放出来，准备感染下一个细胞。（放大倍数：107000 倍，原图高度为 10cm）

右图：腮腺炎病毒（透射电子显微镜图像）

这是一个腮腺炎病毒粒子（包膜呈粉色），里面红色的线状成分是核糖核酸（RNA）。RNA 与包膜蛋白相互作用，从而使病毒可以吸附并感染宿主细胞，在其中复制，最终裂解释放并感染下一个宿主。目前临床上可以通过接种腮腺炎疫苗来预防该病。（放大倍数：未知）

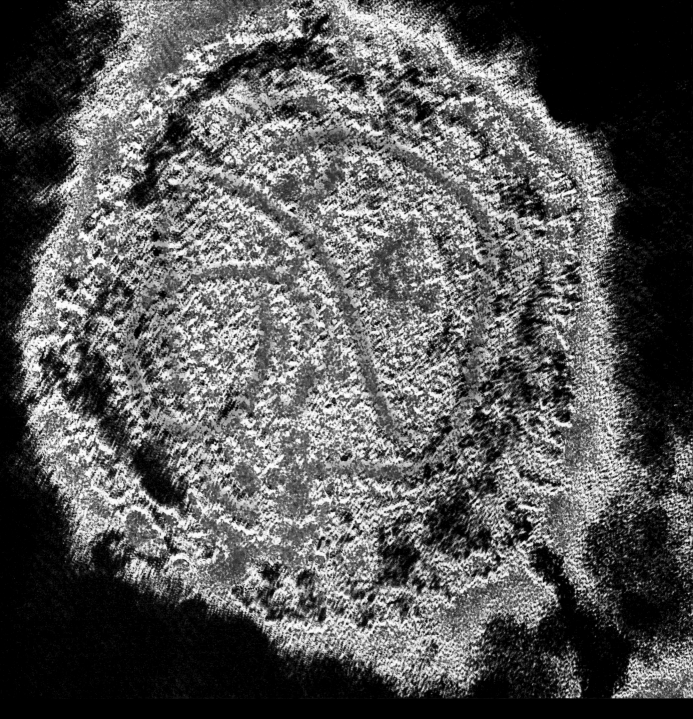

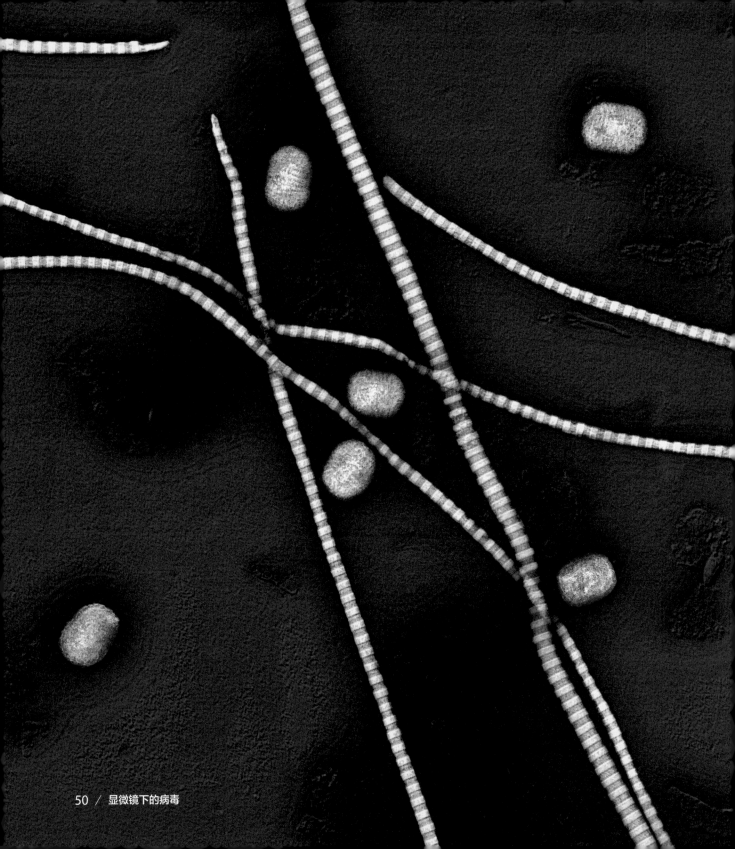

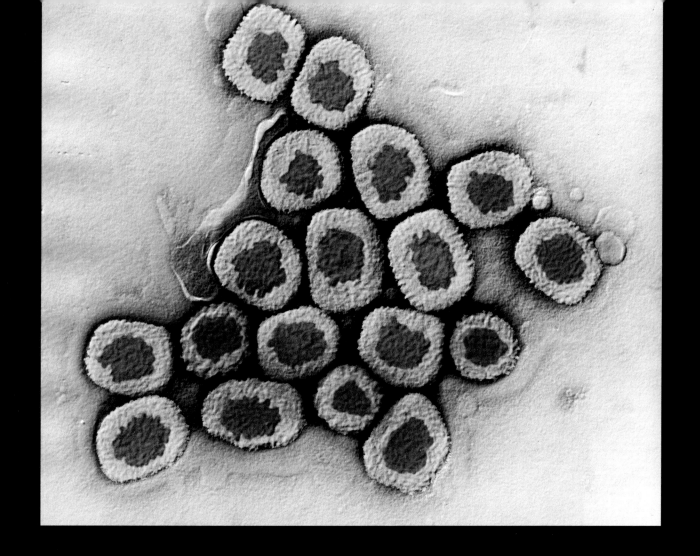

左图：传染性软疣病毒（透射电子显微镜图像）

图中椭圆形的橙色颗粒是传染性软疣病毒体，具有高度传染性。临床表现为皮疹，也称水疣。黄色的条状物是胶原纤维，是细胞间的连接成分。病毒体必须穿梭其中才能顺利地感染下一个宿主细胞。（放大倍数：25000 倍，原图宽度为 10cm）

上图：天花病毒（透射电子显微镜图像）

你知道世界上什么东西长得最像寿司么？答案就是天花病毒！天花病毒能够引起天花，和其他病毒一样，红色部分是它的病毒核心，外围由黄色的蛋白质包绕，两者相互作用，使病毒够附着并感染人类宿主细胞。20 世纪 70 年代，通过天花疫苗的接种，人类彻底消灭了天花病毒。目前仅有少数病毒株存在，被用于科学研究。（放大倍数：63000 倍，原图宽度为 10cm）

人乳头瘤病毒（透射电子显微镜图像）

这些人乳头瘤病毒粒子经过人工染色后变得色彩斑斓，再加上这抽象而梦幻的背景，你恐怕想象不到它能够引起 HPV 的感染。人乳头瘤病毒（HPV）是最常见的性传播病毒之一，可以导致疣生殖器、肛门或喉部及其周围。同乳头瘤病毒家族中的其他成员一样，HPV 是一种 DNA 病毒，如图所示没有包膜蛋白包绕。（放大倍数：未知）

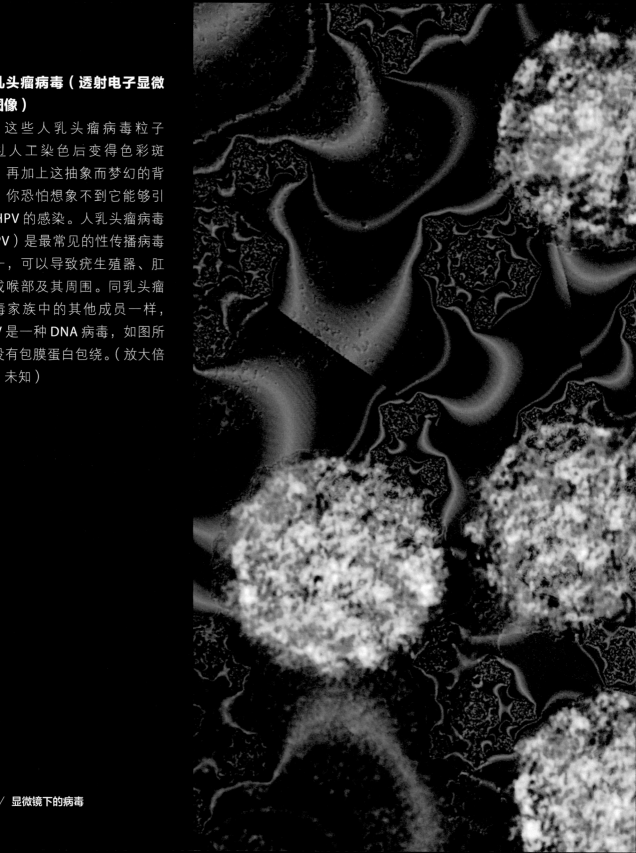

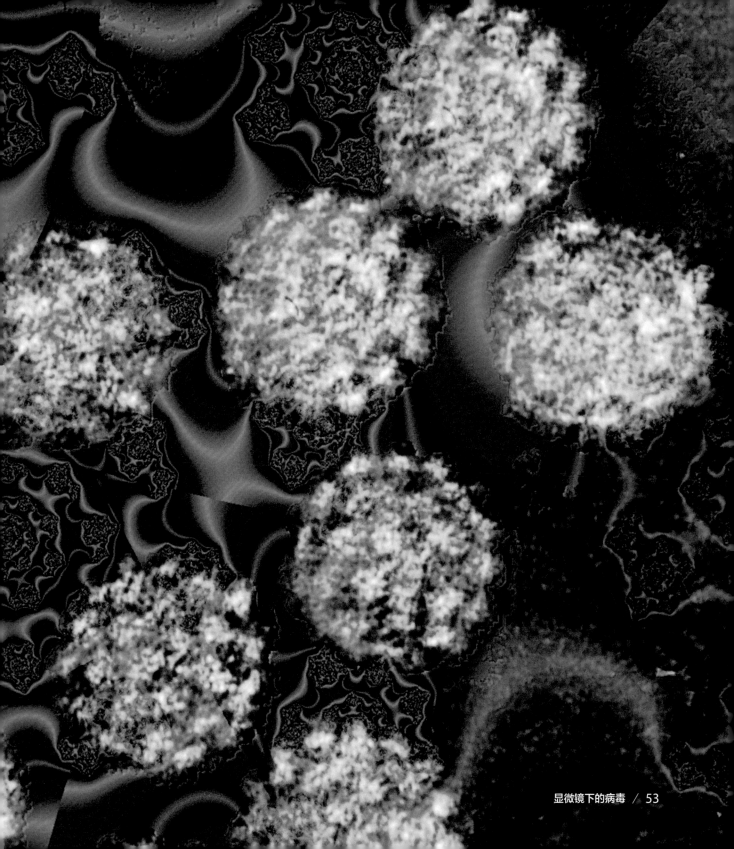

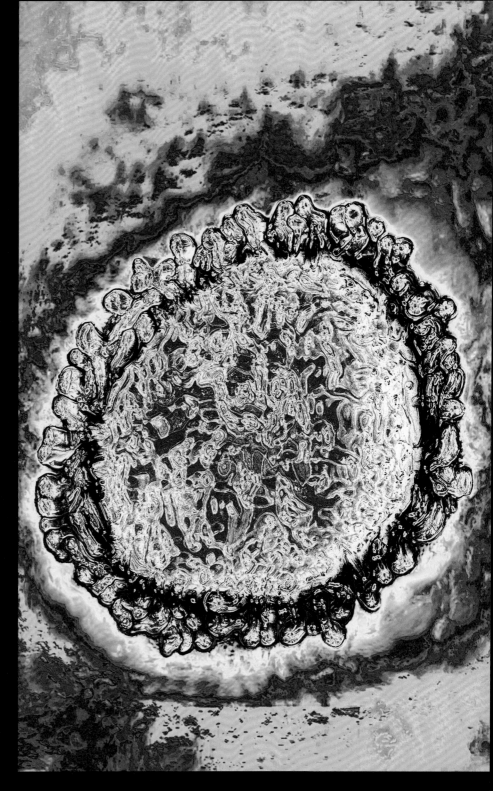

左图：人乳头瘤病毒（透射电子显微镜图像）

这是一个乳头瘤病毒粒子。目前已分离出170余株人乳头瘤病毒（HPV），它们能够引起手部、足以及身体其他腔道，如喉咙、生殖器和肛门的疣。虽然疣是一种良性赘生物，但是部分毒株具有高度恶变的风险。尽早接种疫苗（最好是在第一次性行为发生之前就接种）是一种有效的预防手段。（放大倍数：2000000倍，原图宽度为10cm）

右图：冠状病毒（透射电子显微镜图像）

冠状病毒的名字来源于拉丁语，形容病毒粒子外面那层像王冠一样的蛋白质包膜。冠状病毒感染一般表现为重感冒和嗓子疼，但如果肺受到感染，就会引起肺炎。它们同一科的其他病毒还是中东呼吸综合征（MERS）和严重急性呼吸综合征（非典，SARS）的元凶，在21世纪初导致许多患者死亡。（放大倍数：830000倍，原图宽度为10cm）

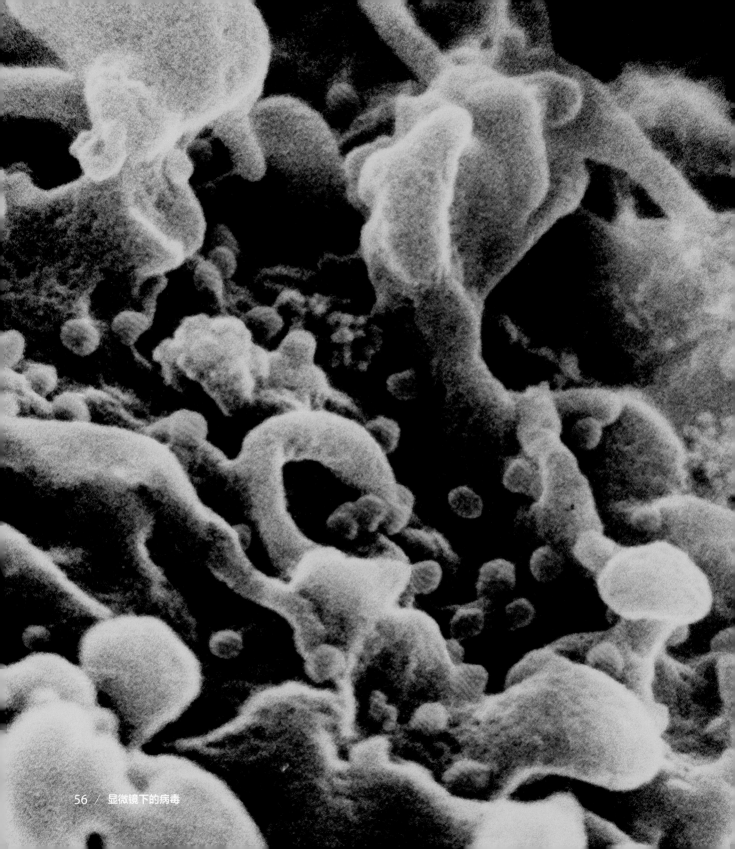

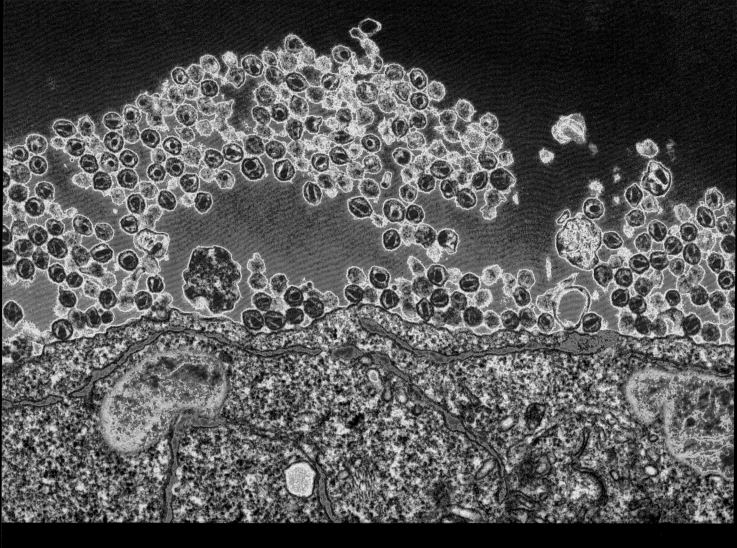

左图：HIV 病毒（彩色扫描电子显微镜图像）

　　这幅布满"冬青"和"浆果"的"圣诞场景"可一点也不喜庆，事实上这些红色的颗粒是人免疫缺陷型病毒（HIV）的病毒体，表面凹凸不平的绿色背景是它们正在进攻的白细胞。白细胞是人体负责抵御外敌、保卫机体的主力军，而 HIV 能够侵入并破坏它们，因此被 HIV 感染 10～15 年后，人体的免疫系统会受到严重破坏，最终发展为获得性免疫缺陷综合征（AIDS），并且患者常会发生机会性感染。（放大倍数：51300 倍，原图高度为 10cm）

上图：从 T 淋巴细胞中出芽释放的 HIV 病毒（透射电子显微镜图像）

　　图像底部的粉色区域是一个感染了 HIV 的白细胞的局部。病毒利用细胞大量复制，从而产生更多的 HIV 病毒体，最终释放出来并感染下一个宿主细胞，同时旧宿主细胞也难逃死亡的厄运。这张图像捕捉到了复制后的 HIV 病毒体（小圆形的紫色气泡）正在离开宿主细胞的瞬间。（放大倍数：10850 倍，原图宽度为 7cm）

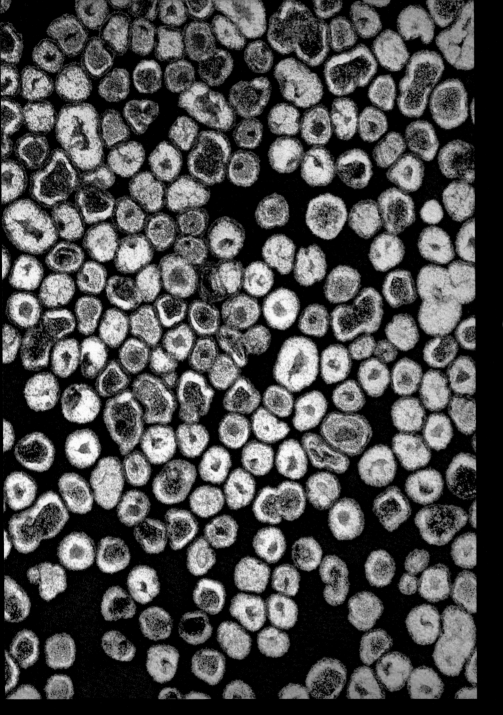

　　拉克罗斯病毒（La Crosse）
在美国威斯康星州的拉克罗斯
被首次发现。人类可以通过被
森林蚊虫叮咬，或被感染的森
林动物（如松鼠或花栗鼠）咬
伤而感染。这种病毒可以引起
拉克罗斯脑炎，表现为发烧和
恶心。极少数患者可能出现癫
痫发作、昏迷，甚至是永久性
的脑损伤。（放大倍数：未知）

**右图：正在攻击细菌的噬菌体
（透射电子显微镜图像）**

　　噬菌体是一种专性攻击细
菌的病毒。它的典型结构由一
个 20 面体头部和一条尾部（通
过纤维结构吸附于宿主细菌）
组成。它可以将 DNA 核酸注入
宿主体内，随后复制、释放并
攻击下一个宿主。自 20 世纪初
以来，噬菌体已被用作抗生素
的替代和补充，用于治疗某些
耐药菌株。（放大倍数：未知）

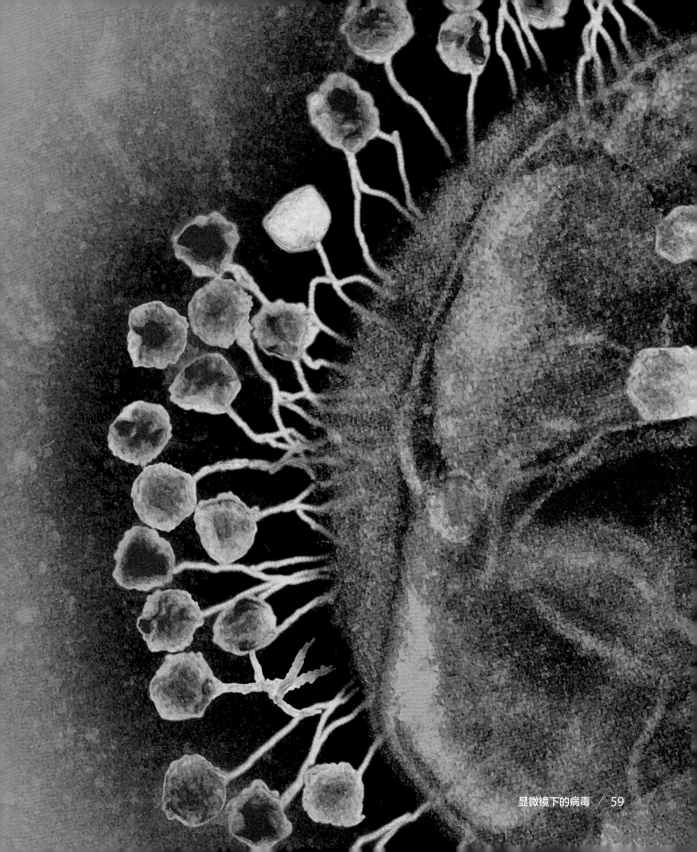

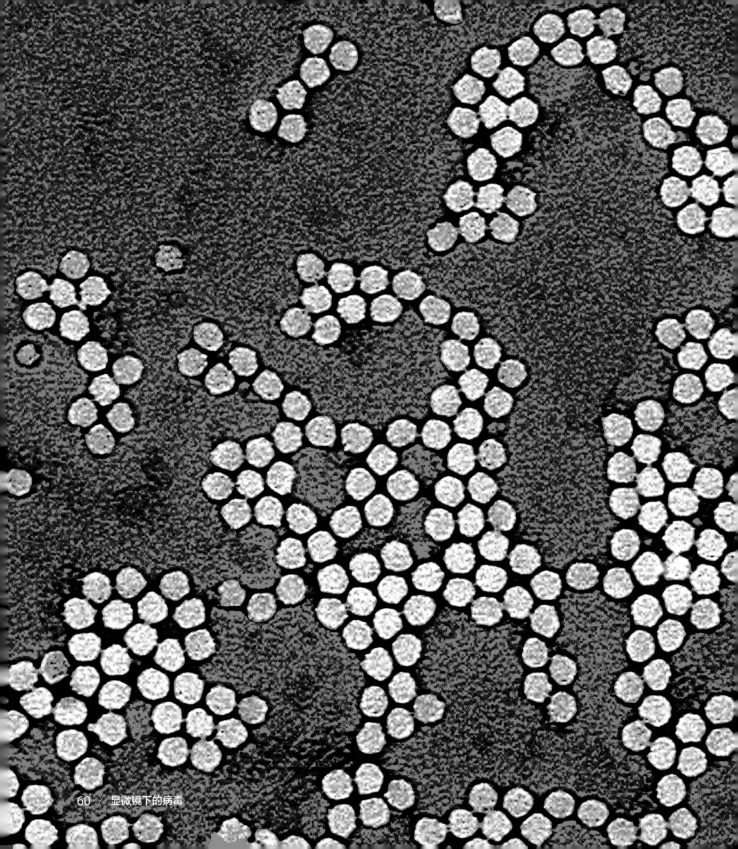

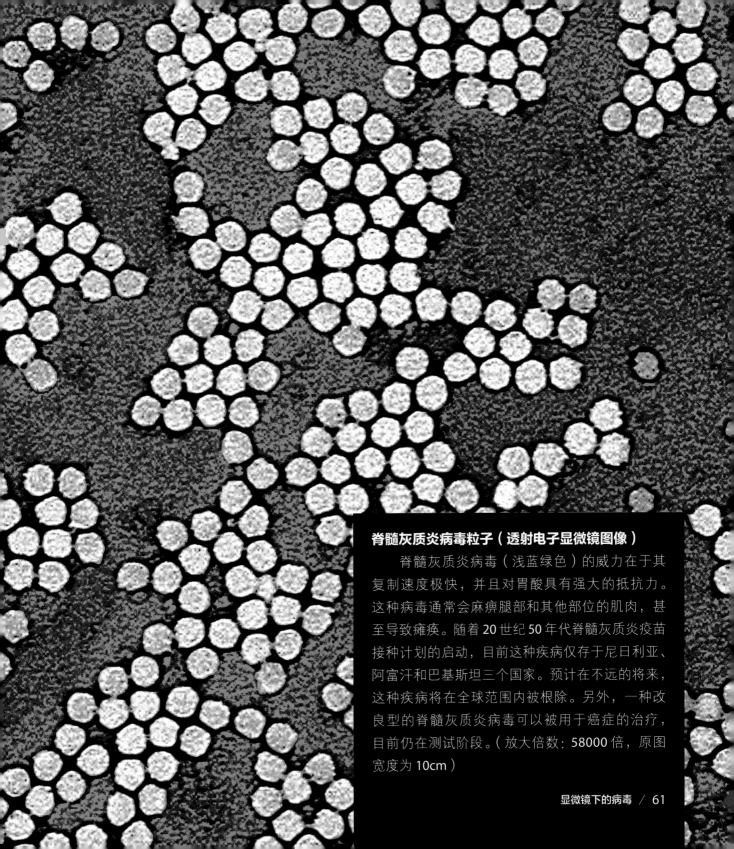

脊髓灰质炎病毒粒子（透射电子显微镜图像）

　　脊髓灰质炎病毒（浅蓝绿色）的威力在于其复制速度极快，并且对胃酸具有强大的抵抗力。这种病毒通常会麻痹腿部和其他部位的肌肉，甚至导致瘫痪。随着 20 世纪 50 年代脊髓灰质炎疫苗接种计划的启动，目前这种疾病仅存于尼日利亚、阿富汗和巴基斯坦三个国家。预计在不远的将来，这种疾病将在全球范围内被根除。另外，一种改良型的脊髓灰质炎病毒可以被用于癌症的治疗，目前仍在测试阶段。（放大倍数：58000 倍，原图宽度为 10cm）

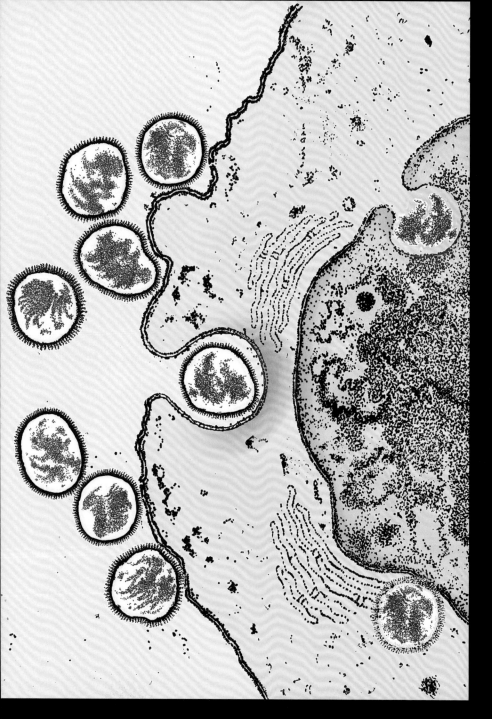

左图：禽流感病毒（透射电子显微镜图像）

之所以被命名为禽流感病毒，是因为它能够在鸟类体内生存。但不幸的是，人类对于其中一些菌株几乎没有抵抗能力。禽流感病毒可以感染患者肺部，导致其严重呼吸困难，并导致其他细菌感染。当流感病毒被肺部表面的巨噬细胞（黄色）吞噬后，它可以脱去包膜，将RNA释放入细胞内，并对细胞核（绿色）展开攻击。（放大倍数：未知）

右图：H5N1禽流感病毒粒子（透射电子显微镜图像）

20世纪90年代以来，禽流感的爆发呈逐渐上升趋势。其中最臭名昭著的就是H5N1禽流感，它由免疫的野生鸟类携带并感染家禽。家禽粪便中的病毒粒子（橙色）可以进入空气，从而在人群中导致疾病传播，并感染我们的肺细胞。自2003年首次记录以来，在H5N1病毒感染的人类患者中，半数以上病例（约400人）最终死亡。（放大倍数：230000倍，原图高度为10cm）

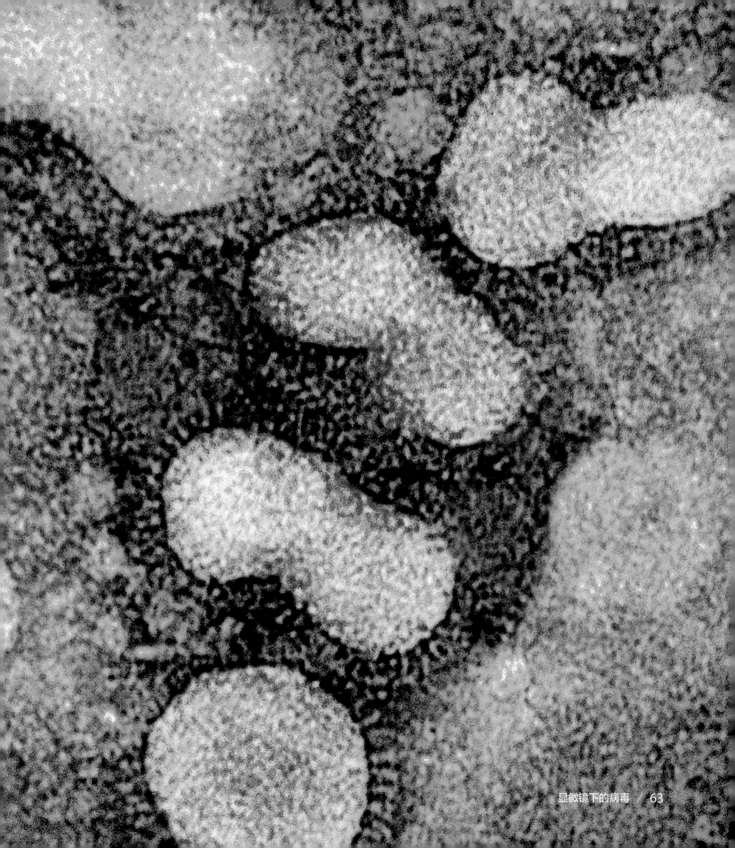

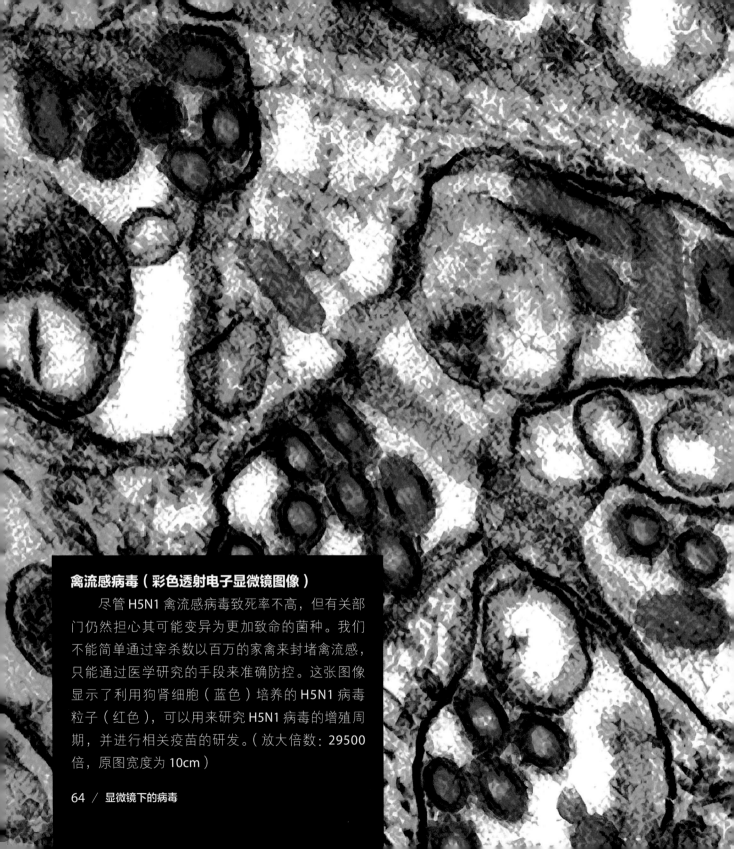

禽流感病毒（彩色透射电子显微镜图像）

　　尽管 H5N1 禽流感病毒致死率不高，但有关部门仍然担心其可能变异为更加致命的菌种。我们不能简单通过宰杀数以百万的家禽来封堵禽流感，只能通过医学研究的手段来准确防控。这张图像显示了利用狗肾细胞（蓝色）培养的 H5N1 病毒粒子（红色），可以用来研究 H5N1 病毒的增殖周期，并进行相关疫苗的研发。（放大倍数：29500倍，原图宽度为 10cm）

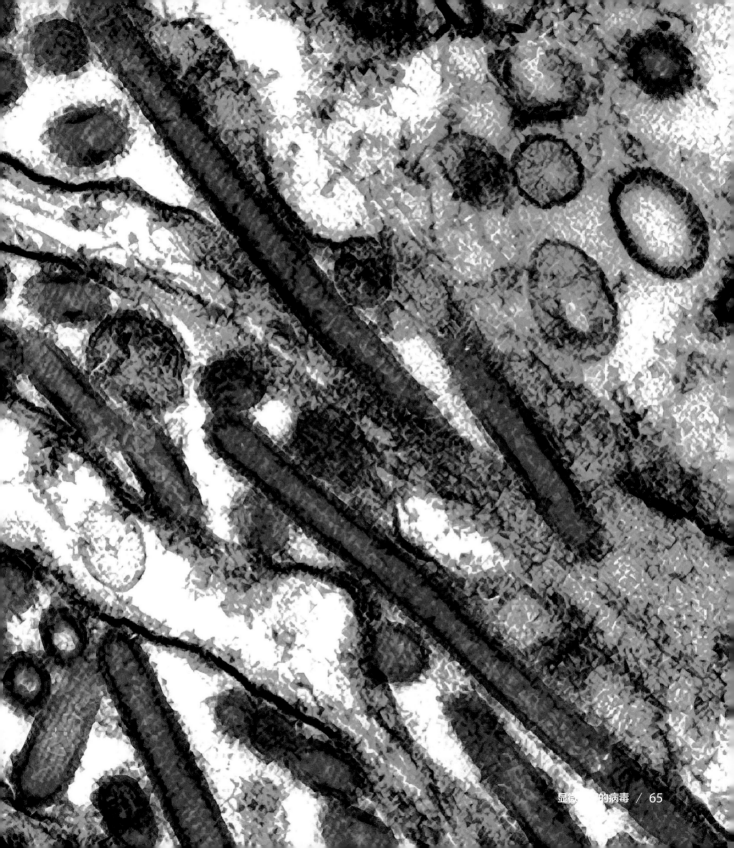

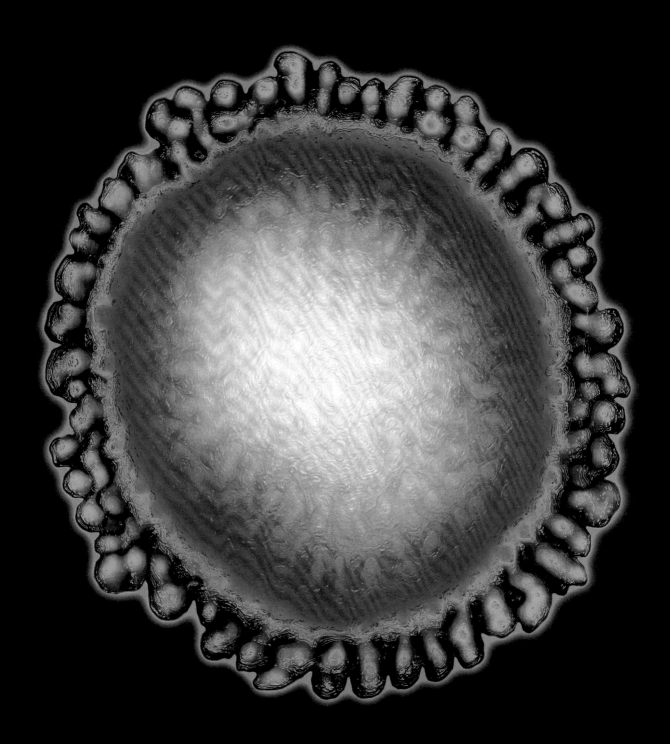

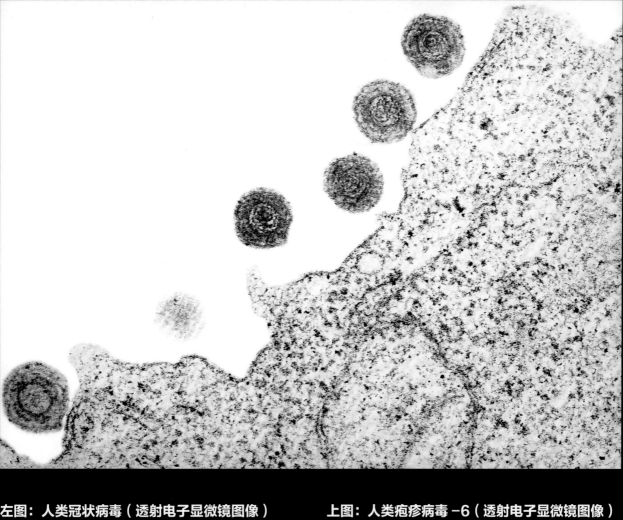

左图：人类冠状病毒（透射电子显微镜图像）

这张图像完美地揭示了冠状病毒名字的由来——取自拉丁语中的"花冠"。冠状的刺突是一种蛋白质，通过相应的受体（宿主细胞表面的蛋白质）帮助病毒识别并吸附宿主细胞。这种病毒最早是于 20 世纪 60 年代在普通感冒患者的鼻腔内发现的。（放大倍数：1000000 倍，原图宽度为 10cm）

上图：人类疱疹病毒 –6（透射电子显微镜图像）

人类疱疹病毒（HHV）有九种，其中 HHV-6 于 1986 年首次在艾滋病患者的血液中被发现。随后，人们又将其分为 HHV6A 和 HHV6B 两种。前者与多发性硬化症和其他神经炎性疾病有关；后者与 HHV-7 一样，可以导致儿童红疹。图中为正在从宿主白细胞（绿色）中释放出的 HHV-6 病毒粒子（红色），它们经过了复制，正准备继续感染更

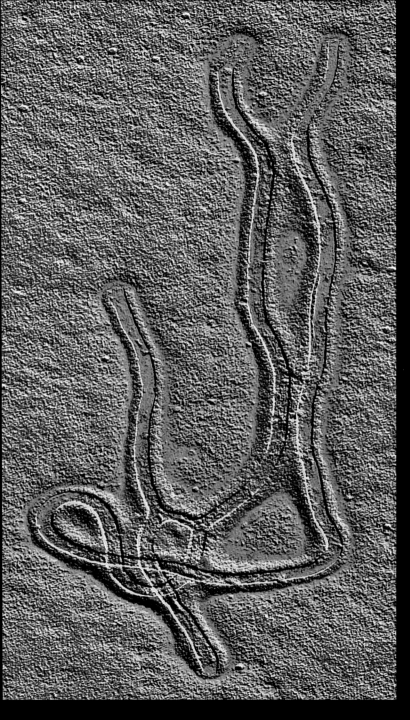

左图：埃博拉病毒（彩色透射电子显微镜图像）

埃博拉病毒是一种令人闻风丧胆的极为致命的病毒。起初是发烧，随之而来的则是腹泻、呕吐、肾肝衰竭，最终可致内出血和外出血，大约会导致 50% 的病例死亡。如 2013 至 2015 年期间于西非爆发的疫情，最终导致了 11000 多人的死亡。埃博拉病毒体结构简单，其内为 RNA 链（如图所示）。它们可以通过体液接触传播，因此还从有症状患者身上被传染。[1]（放大倍数：未知）

右图：乳头瘤病毒（彩色透射电子显微镜图像）

人乳头瘤病毒（HPV）通常引起一过性隐匿感染，然而长期的持续感染可以引发疣和皮损，并且更易于发展成癌症。大多数宫颈癌都与 HPV 感染密不可分。在 170 多种乳头瘤病毒中，有 40种是通过性传播的，并且只有在感染发生之前接种 HPV 疫苗才能起到效果。因此，目前许多国家已经为 15 岁以下的女性提供了相应疫苗的接种。（放大倍数：100000 倍，原图宽度为 3.5cm）

---

[1] 此处不严谨，体液传播和从有症状患者身上被传染不构成必然联系。—— 译者注

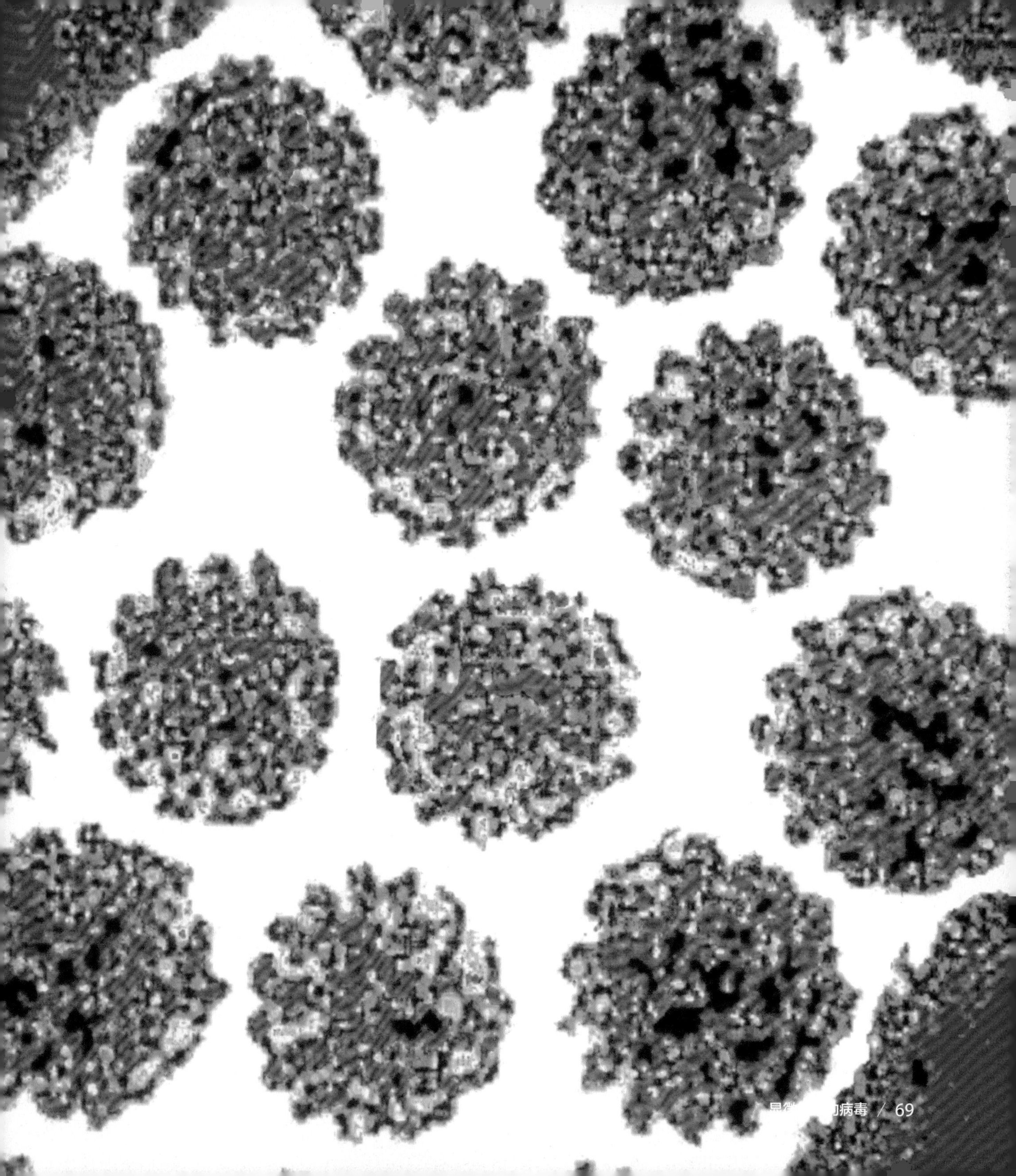

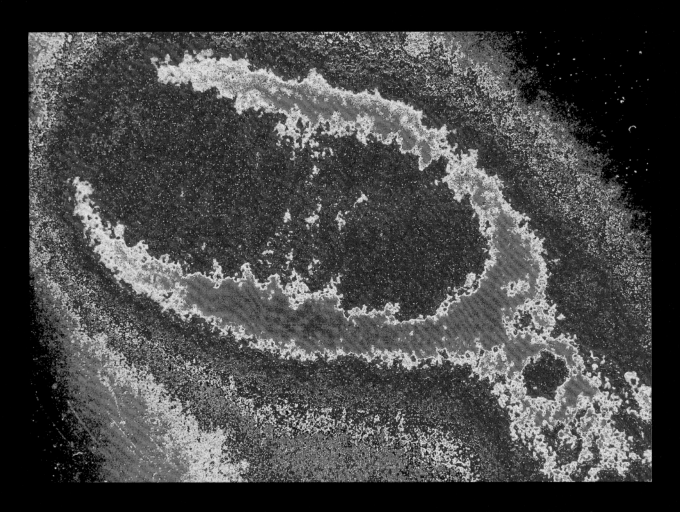

上图：天花病毒（透射电子显微镜图像）

　　医学最伟大的成就之一就是通过疫苗的接种在全球根除了天花这种疾病。天花是由天花病毒（如图所示）引起的，目前这种病毒仅以生物样本的形式保存于俄罗斯和美国的几家实验室里。天花病毒通过呼出气体中的水蒸气或患者水泡破损后的渗出液进行传播。（放大倍数：未知）

右图：轮状病毒（透射电子显微镜图像）

　　电子显微镜的作用可不仅仅是用来制作绚丽多彩的图像以供欣赏，事实上它在科学发现中起到的作用至关重要。比如 1973 年科学家在电子显微镜下首次发现了轮状病毒，这种病毒正是引起许多儿童腹泻（常伴随呕吐和发烧）的罪魁祸首。临床上为了防止腹泻脱水引发的不良后果，及时补充患儿水分便至关重要。目前一种预防轮状病毒的疫苗已经问世，这将大大降低相关感染的频率和严重程度。（放大倍数：未知）

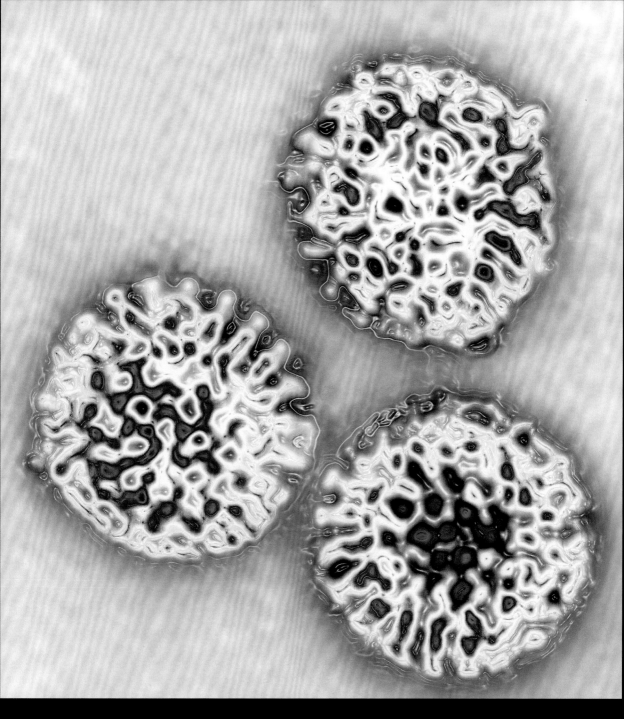

上图：被 HIV 感染的细胞（透射电子显微镜图像）

图中为即将从宿主细胞（顶部深蓝色）中释放出来的 HIV 病毒粒子（粉色）。HIV 病毒攻击的白细胞是淋巴细胞 —— 人体的防御系统的主力军。被感染的淋巴细胞最终会死亡，因此 HIV 病毒能够破坏机体的免疫系统。临床上通常使用抗逆转录病毒药物进行"鸡尾酒疗法"，目前已经可以有效阻止其发展至艾滋病终末期的免疫缺陷阶段。（放大倍数：90000 倍，原图宽度为 10cm）

右图：HIV 病毒粒子（透射电子显微镜图像）

尽管目前还没有有效的 HIV 疫苗，但药物控制可以使患者长期带病生存。HIV 有三种主要的传播途径 —— 性传播、母婴传播和血液传播（如共用针头）。因此，接吻和共用马桶是不会感染艾滋病毒的。（放大倍数：210000 倍，原图宽度为 20cm）

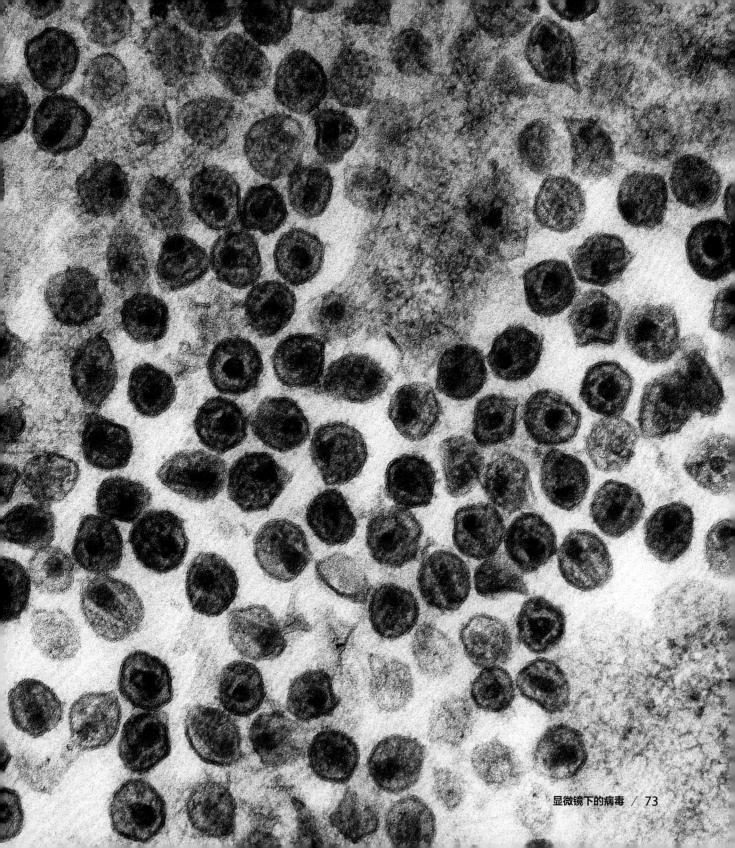

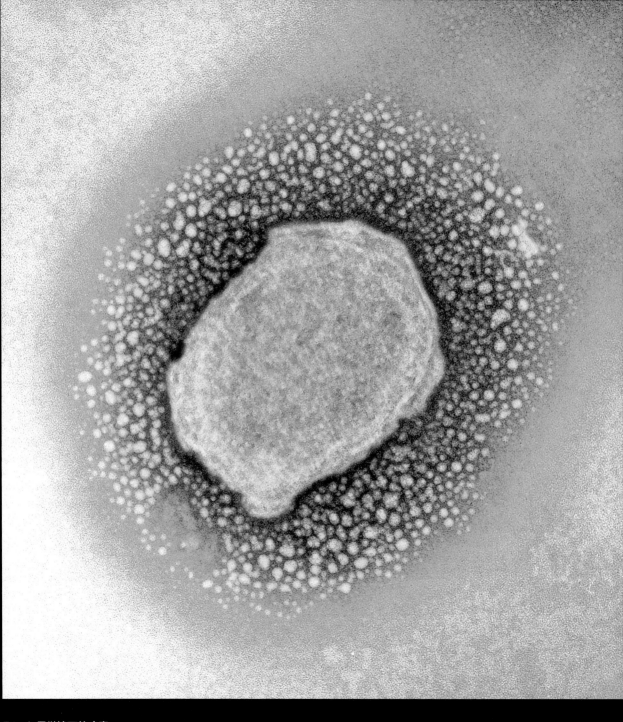

左图：猴痘病毒粒子（透射电子显微镜图像）

猴痘是天花的一种相对温和的"近亲"，只有少数情况下它会导致死亡。与天花类似，它也可以引发布满全身的弥漫病变。1958 年，猴痘病毒在猕猴身上被首次发现；随后 1970 年，首次在人类身上发现。它可以通过被患猴撕咬或接触其体液进行传播。天花疫苗对猴痘有效，但由于天花已被根除，并且天花疫苗接种已经停止，故而人类对猴痘病毒的免疫力已经大不如前。(放大倍数：125000 倍，原图高度为 10cm)

右图：人副流感病毒（透射电子显微镜图像）

副流感常见于婴幼儿，可以感染他们的耳朵、喉咙和胸部，从而引发肺炎和咽喉炎。图中为副流感病毒粒子的人工染色图像，其中可以清晰地看到它的主要结构。中心淡蓝色部分是 RNA 链——病毒的遗传物质。围绕它们的是白色的蛋白质包膜，其外又覆盖着蓝绿色的蛋白质刺突，负责识别并吸附宿主细胞，从而引发感染。(放大倍数：20500 倍，原图高度为 10cm)

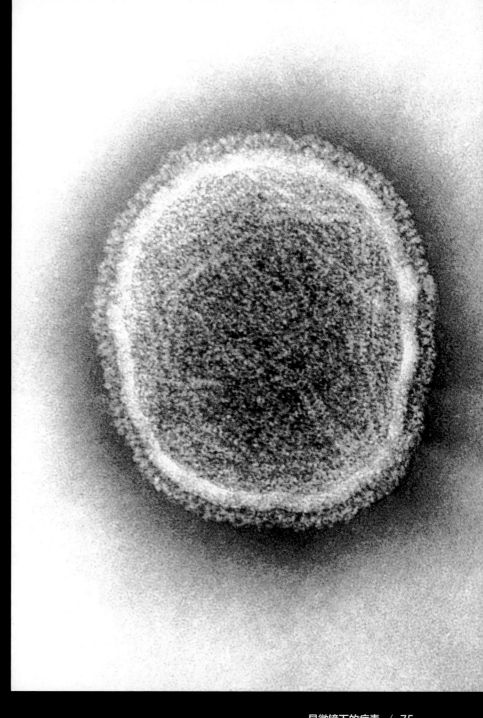

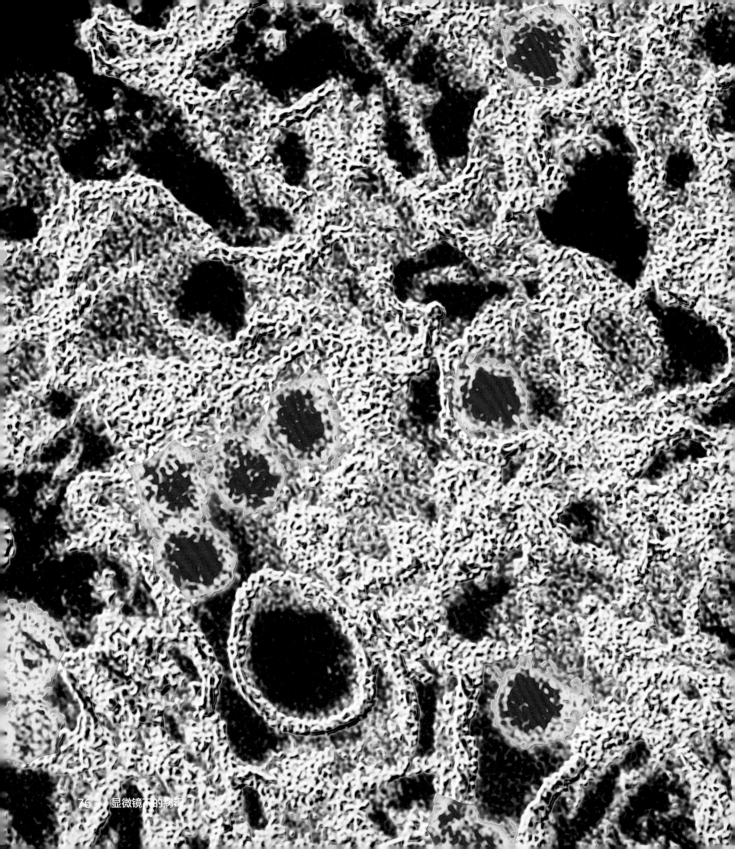

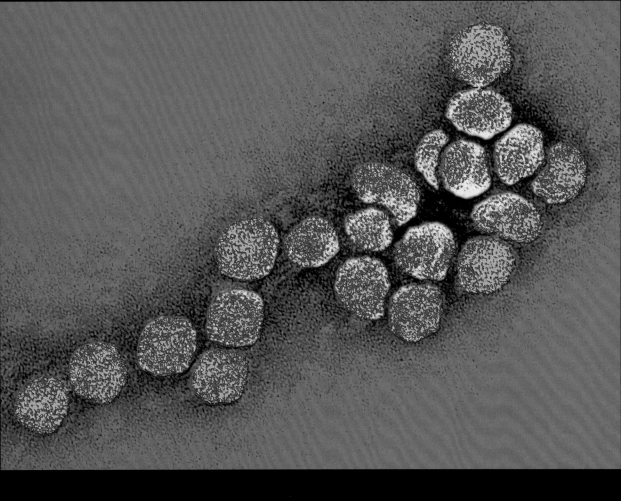

左图：寨卡病毒（透射电子显微镜图像）

　　寨卡病毒（以乌干达的寨卡森林命名）最早于 20 世纪 50 年代被发现，仅在横跨非洲和亚洲赤道地区的一个狭窄地带流行。2007 年寨卡病毒随着蚊虫的传播，越过太平洋来到美洲，并在 2015 年短暂流行。其临床通常表现为低热、皮疹和关节疼痛，被感染的孕妇可能将病毒传给未出生的胎儿，从而导致严重的先天缺陷。2016 年寨卡病毒疫苗正式进入临床试验阶段。（放大倍数：未知）

上图：西尼罗河病毒（透射电子显微镜图像）

　　西尼罗河病毒属于黄病毒属。黄病毒取自拉丁语中的"黄色"，众所周知它们能够引起黄热病。黄病毒属的其他成员包括寨卡病毒、西尼罗河病毒等，大多都是通过蚊虫叮咬传播的。西尼罗河热并不局限于西尼罗河或非洲，其临床通常表现为肌肉疼痛、皮疹、头痛和恶心。极少数情况下，它可以诱发脑炎和脑膜炎等疾病，导致大脑或脊髓炎症。（放大倍数：未知）

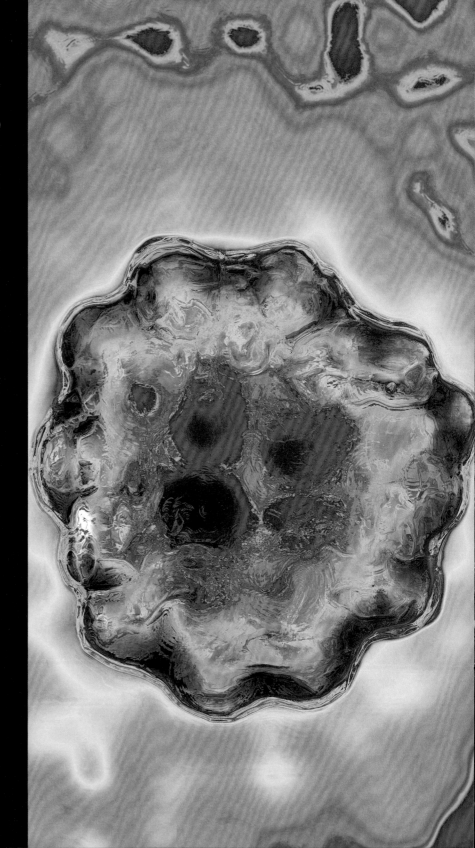

丁型肝炎病毒（透射电子显微镜图像）

肝炎（一种肝脏的炎症）可以由多种原因造成，包括过量饮酒或其他毒素。但最常见的病因是五种肝炎病毒中的一种，即甲、乙、丙、丁或戊型肝炎病毒。丁型肝炎病毒（HDV）只能感染已经患有乙型肝炎的患者，这种方式被称为重叠感染。大多数患者最终能够完全康复，但如果感染发展成慢性，则最终几乎百分之百会导致肝功能衰竭和肝癌。（放大倍数：2850000 倍，原图宽度为 10cm）

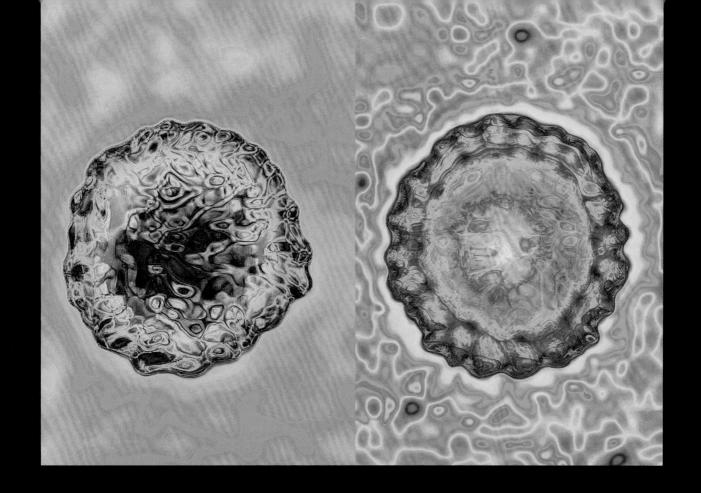

上图：丙型肝炎病毒（透射电子显微镜图像）

    在五种肝炎病毒中，甲型和戊型肝炎病毒主要通过被携带病毒的食物和水获得；其余的则主要通过携带病毒的血液获得。由于共用携带病毒的针头，吸毒者是一大类易感人群。不同于甲型、乙型和丁型肝炎，丙型肝炎（HCV）无法进行疫苗接种，会发展为慢性的疾病。对此，可以通过长期口服相关药物来进行治疗，否则发展到晚期只有肝移植这一种有效的治疗手段。[①]（放大倍数：1800000 倍，原图宽度为 10cm）

上图：乙型肝炎病毒（透射电子显微镜图像）

    和丙型肝炎类似，乙型肝炎（HBV）也可以通过血液传播，也常见于性传播。另外它也可以通过母婴传播，被感染的婴儿几乎百分之百会患上慢性乙型肝炎（然而在 5 岁以后就很少有临床症状产生）。对于大多数成年人来说，在不经药物治疗的情况下乙型肝炎可以自行消失。事实上没有任何药物可以完全有效地清除乙型肝炎病毒，通常只能起到抑制病毒的作用。（放大倍数：4500000 倍，原图宽度为 10cm）

---

① 事实上，目前已有相关药物。—— 译者注

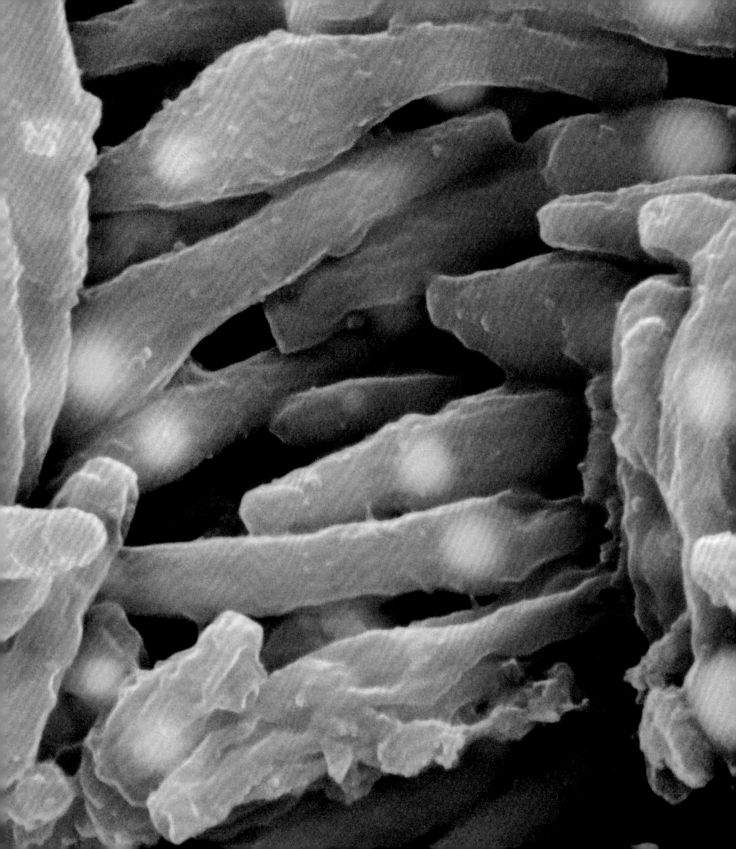

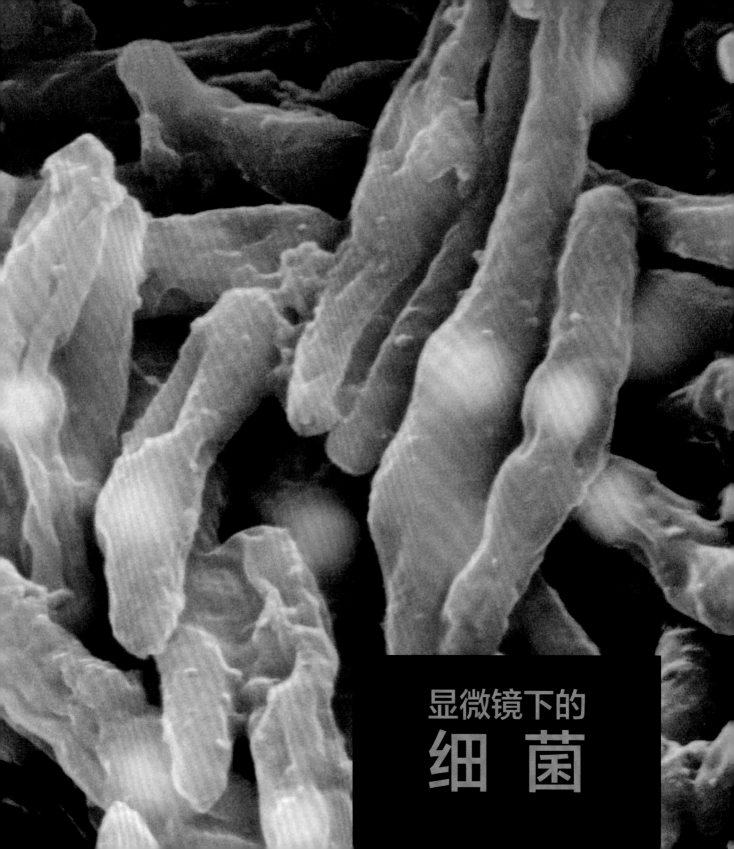

显微镜下的
细 菌

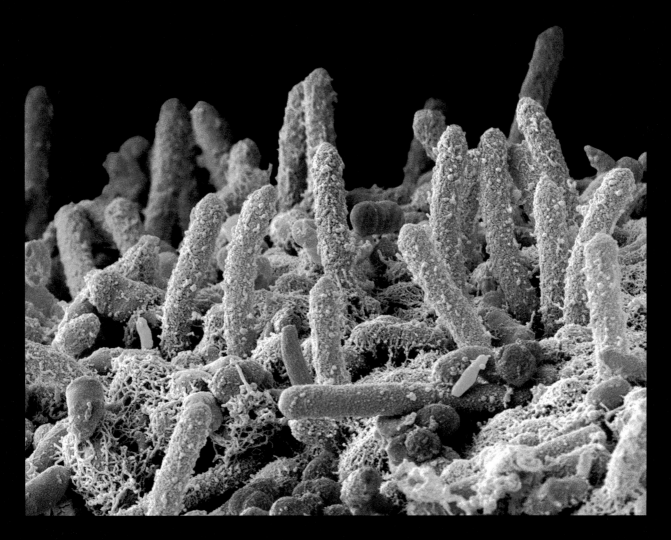

篇章页图：结核分枝杆菌（扫描电子显微镜图像）

　　不同的细菌有不同的形状和大小。图中这些细长的，用医学术语来说——杆状的，是能够引起肺结核的结核分枝杆菌。它们可以随着咳嗽和喷嚏等产生飞沫进行传播。它们的主要靶器官是肺脏，然而它们也可以进入血液，感染身体的其他部位。在肺部，它们能够引起结核结节，这是由病原菌和坏死组织共同组成的病损。临床上可以使用抗生素来进行治疗，另外我们也可以在出生时接种疫苗来进行预防。（放大倍数：13300 倍，原图宽度为 10cm）

上图和右图：口腔内的细菌（扫描电子显微镜图像）

　　这些经人工染色的图像向我们展示了来自口腔——右边、左边或深处的口腔内表面的各种细菌，各个方位的细菌都在显微镜下原形毕露。各种细菌遍布我们的身体，不仅如此，也遍布在地表和海洋、地底和河流中。当然这些细菌大多数都是对人类有益的正常菌群，对于少部分的致病菌，我们可以用抗生素来对付它们。（上图放大倍数：6500 倍，原图高度为 10cm；右图放大倍数：10000 倍，原图宽度为 10cm）

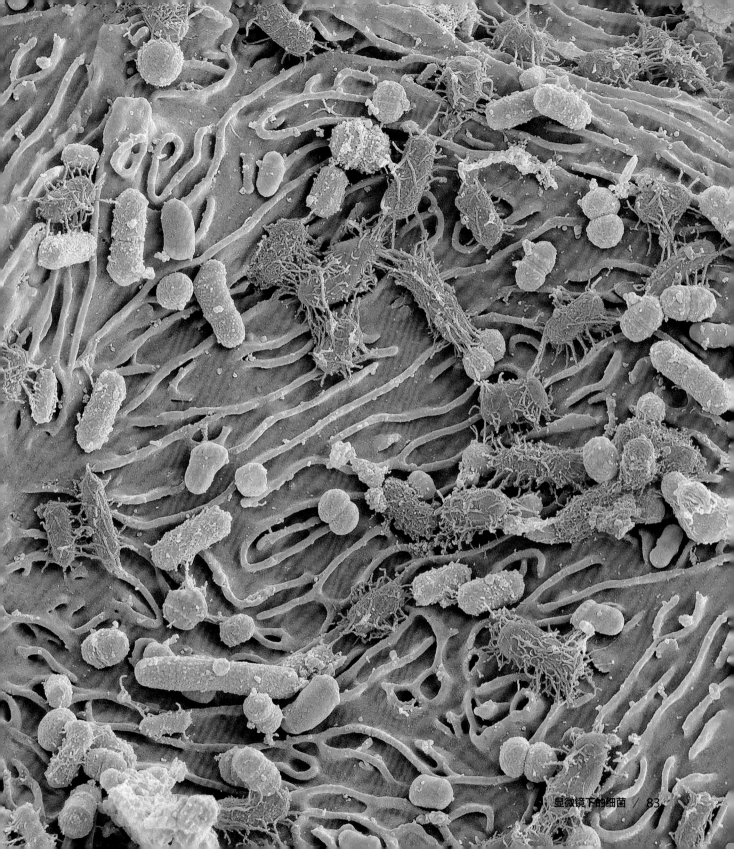

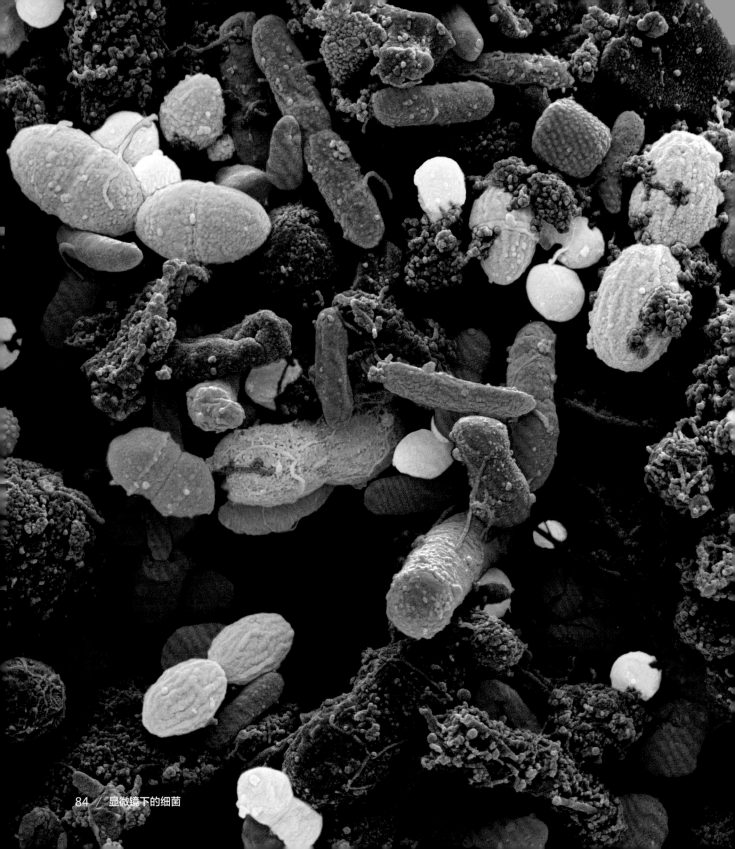

左图：粪便中的细菌（扫描电子显微镜图像）

　　人类排泄物——粪便中至少有一半都是细菌。我们的肠道之所以能够消化吸收营养，很大程度上依赖于其中的"有益"细菌。而对于那些随着污染食物进入肠道的"有害"细菌，比如沙门氏菌和大肠杆菌，就会引起非常严重的疾病。最终，这些好的和坏的细菌都能够随着粪便排出，因此如果我们能够在便后保持良好的个人卫生习惯，就能够限制很多疾病的传播。（放大倍数：**8000** 倍，原图宽度为 **10cm**）

右图：细菌和酵母菌（扫描电子显微镜图像）

　　在自然界中，细菌和真菌经常形影不离，这种对双方均有利的共生现象被称为真菌—细菌的互利共生。图中粉色的杆状物是细菌，稍短一些的红色是酵母菌（一种真菌）。这种互利共生关系不仅可以被应用于食品生产当中，还是研究很有价值的医学课题的内容。比如克罗恩病与很多细菌（大肠杆菌和黏质沙雷氏菌）和真菌（热带念珠菌）有关，了解它们的相互作用关系可能会为克罗恩病的治疗带来很大的启示。（放大倍数：**6000** 倍，原图高度为 **10cm**）

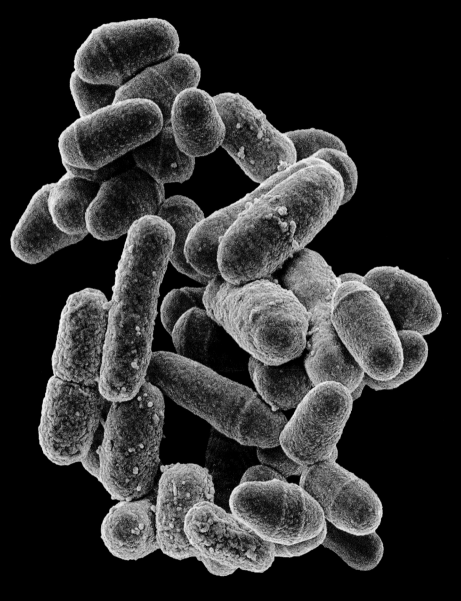

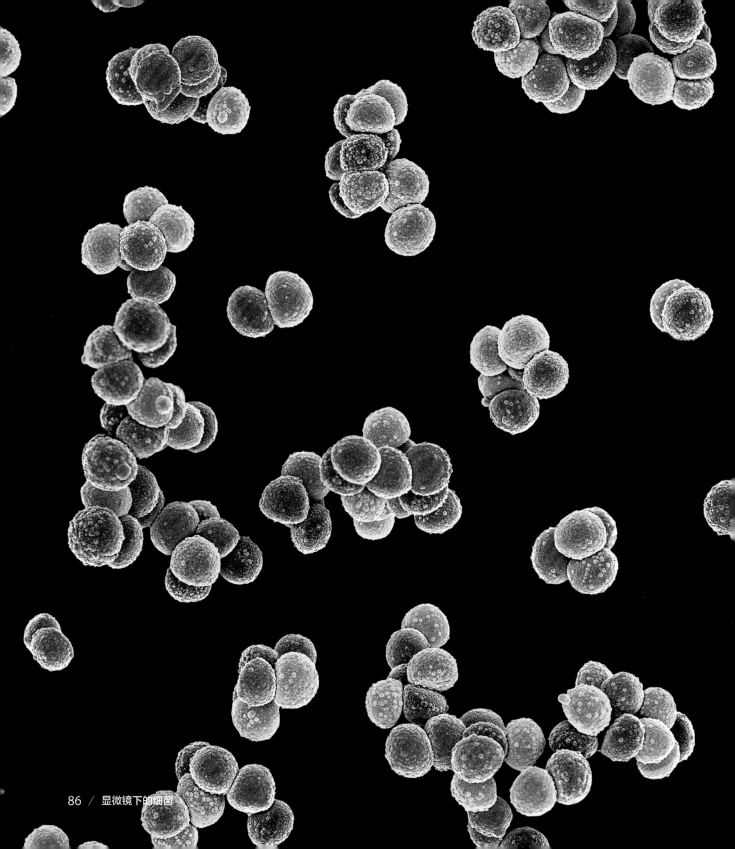

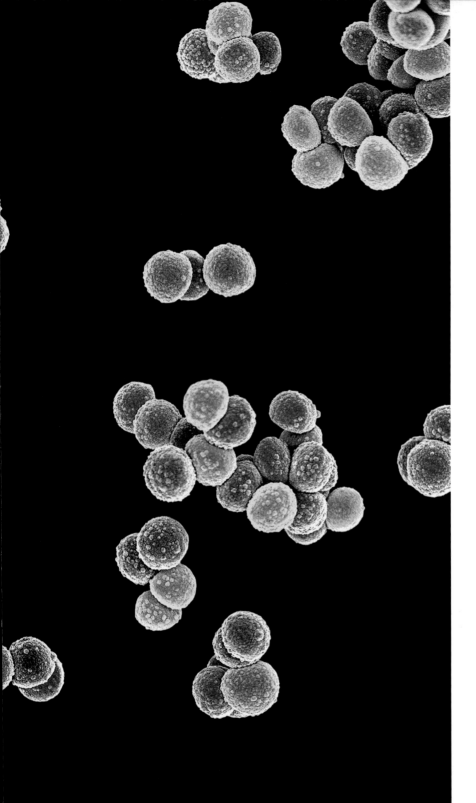

耐甲氧西林金黄色葡萄球菌
（扫描电子显微镜图像）

　　耐甲氧西林金黄色葡萄球菌（MRSA）有着"医院内的超级细菌"之称。尽管在自身免疫力的帮助下，有三分之一携带这种细菌的人没有任何的症状，但并不是所有人都是这么幸运。那些免疫力较弱的人很容易受到它们的攻击，尤其是手术后处于康复期或使用了导管等置入物的患者。皮肤上的脓肿是MRSA感染的第一个征象，随后便会扩散到其他器官。从名字中便可以看出，连我们的"万能"武器——抗生素（如甲氧西林）也很难对付它。（放大倍数：未知）

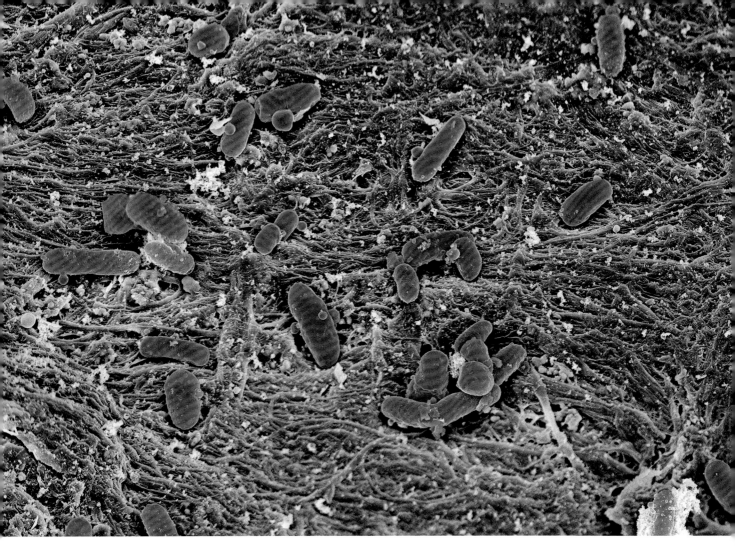

"纸币"上的大肠杆菌 [①]

　　这是一张伪彩色图像，绿色的背景像一张 1 美元的纸币，你可以在上面看到紫色杆状的大肠杆菌。人体中有很多种大肠杆菌，其中大部分都生活在我们的肠道中，不会致病，相反能够帮助我们产生维生素 K2，还可以抵抗其他有害细菌的入侵。仅有少数大肠杆菌的菌种可以由不洁的食物进入机体，从而导致严重的腹泻、发热和泌尿系统感染等。临床上通常采用补液和抗生素来进行治疗。（放大倍数：未知）

---

① 原书未标明拍摄器材。—— 中文版编辑注

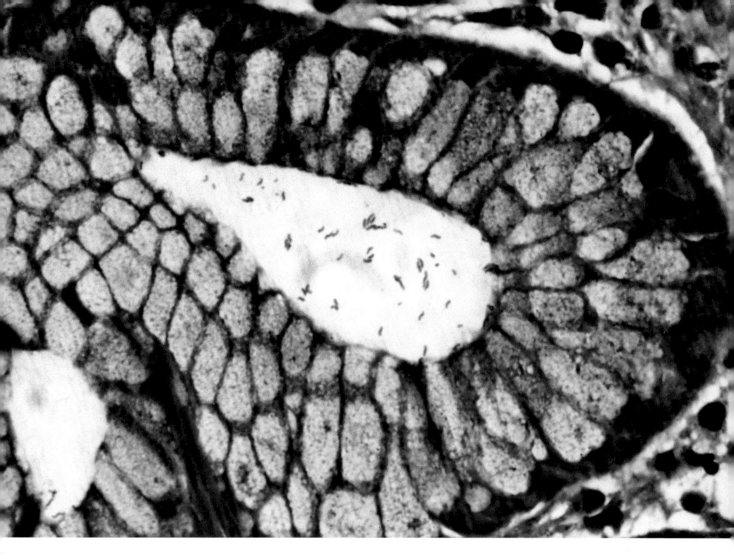

胃窦隐窝内的幽门螺杆菌 ^①

幽门螺杆菌存在于胃肠道中，有三分之二的人携带有幽门螺杆菌，但没有任何的临床症状。事实上，这种细菌可以破坏胃壁内的黏膜屏障，因而是胃溃疡的罪魁祸首。虽然溃疡病通常发病于成年，但这种细菌通常是在童年时由于接触污水而感染的。你可以在图中找到它们——那些藏在胃黏膜褶皱空隙内的黑色小斑点。（放大倍数：未知）

———————————

① 原书未标明拍摄器材。—— 中文版编辑注

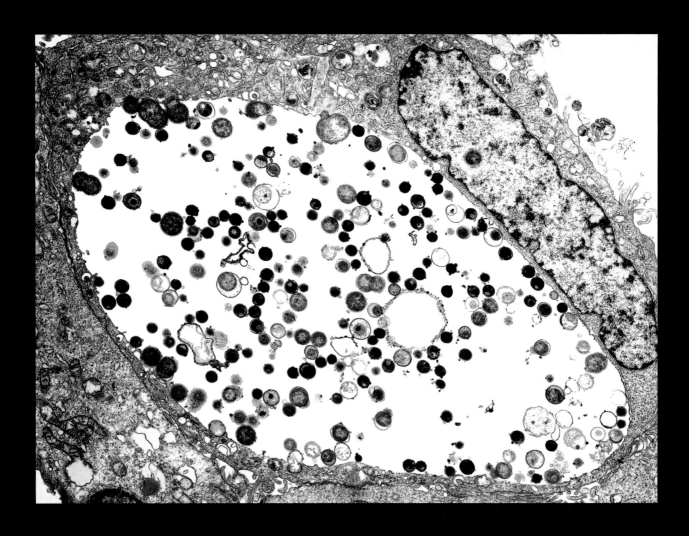

上图：沙眼衣原体（透射电子显微镜图像）

图中的蓝色球体是宿主细胞（红色）内的衣原体，主要靠宿主细胞内的氨基酸为其提供营养。衣原体是一种性传播细菌，可以导致生殖器、眼睛和淋巴结的感染，未经治疗可能会导致失明，但临床上使用抗生素通常可以治愈。衣原体在女性中的发病率是男性的三倍，因此通常建议 25 岁以下的女性进行定期筛查。（放大倍数：2000 倍，原图宽度为 10cm）

右图：淋病细菌（扫描电子显微镜图像）

图中显示的是皮肤（绿色）上的淋病细菌（红色）。淋病是一种性传播疾病，症状类似于衣原体 —— 生殖器疼痛并产生分泌物。据说淋病的名字又从法语俚语而来，取自当时频发这种疾病的妓院的名字。如果不加以控制，淋病可能在人体内散播，引发关节和心脏瓣膜炎症。（放大倍数：未知）

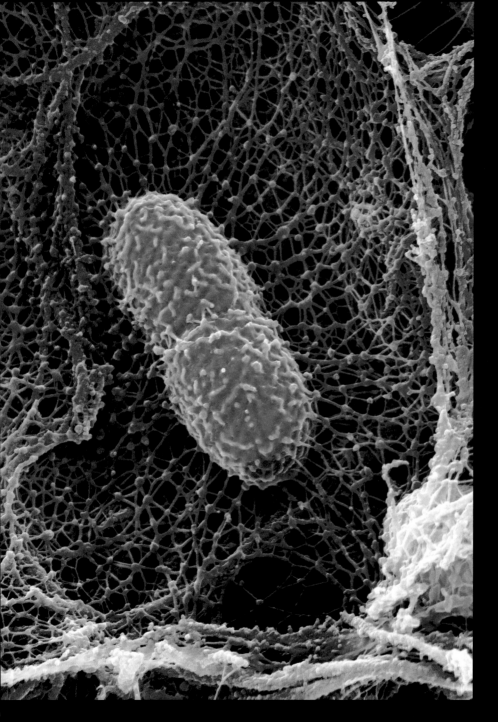

左图：肺炎克雷伯菌（扫描电子显微镜图像）

肺炎克雷伯菌可以感染免疫缺陷的患者，从而引发肺炎。这张图像显示的是被机体防御系统围攻的细菌，当细菌（粉色）攻击我们的肺组织时，中性粒细胞（免疫系统中含量最丰富的细胞）可以释放一种由DNA、RNA和蛋白质组成的诱捕网（绿色）来诱捕并杀死这些入侵者。（放大倍数：未知）

右图：表皮葡萄球菌（扫描电子显微镜图像）

葡萄球菌属的细菌有40多种，其中有一种因常在皮肤（表皮）上堆聚成葡萄串状（葡萄球菌），故被命名为表皮葡萄球菌。和它的"好姐妹"——耐甲氧西林金黄色葡萄球菌（MRSA）一样，这种细菌常出现在皮肤上，通常情况下是无害的。然而，一些免疫力低下、有开放性伤口或导管等植入物的病人，则很容易被感染。另外，表皮葡萄球菌还有一种"超能力"——可以产生一种生物被膜，使其他细菌也可以在这里定植。（放大倍数：5800倍，原图宽度为6cm）

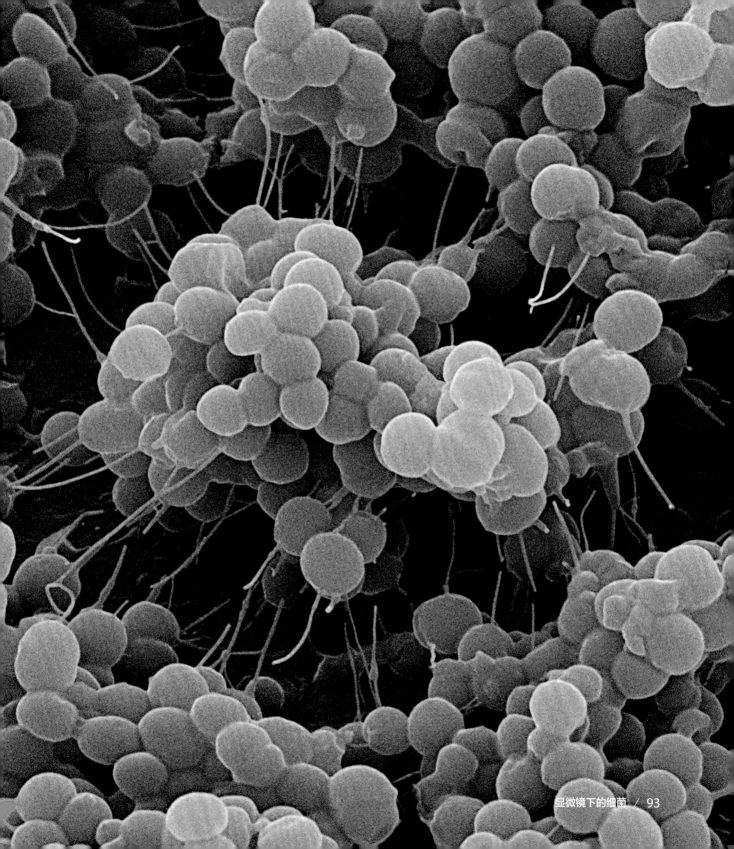

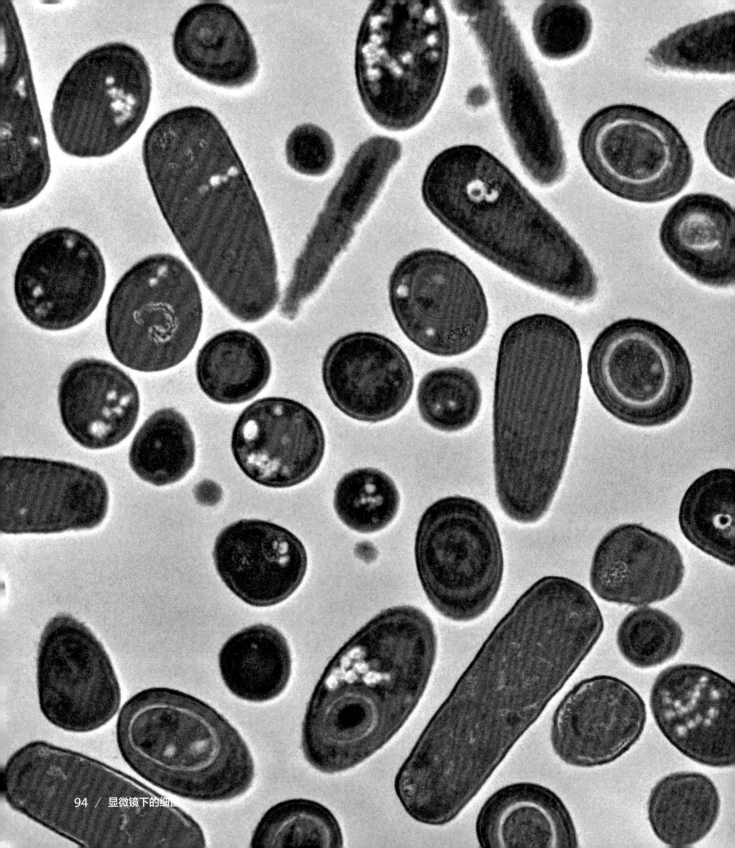

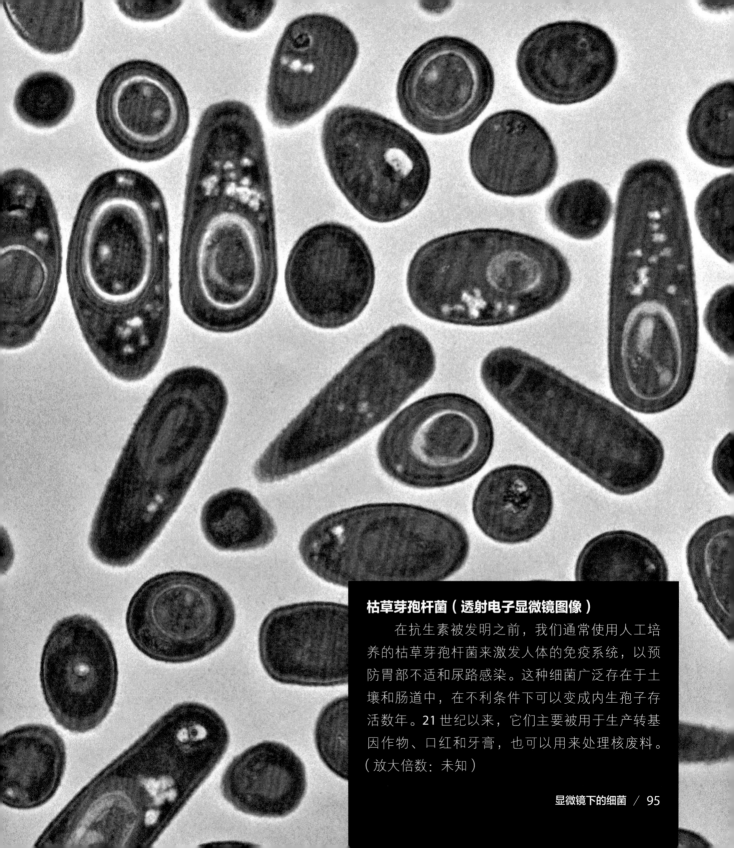

枯草芽孢杆菌（透射电子显微镜图像）

在抗生素被发明之前，我们通常使用人工培养的枯草芽孢杆菌来激发人体的免疫系统，以预防胃部不适和尿路感染。这种细菌广泛存在于土壤和肠道中，在不利条件下可以变成内生孢子存活数年。21世纪以来，它们主要被用于生产转基因作物、口红和牙膏，也可以用来处理核废料。（放大倍数：未知）

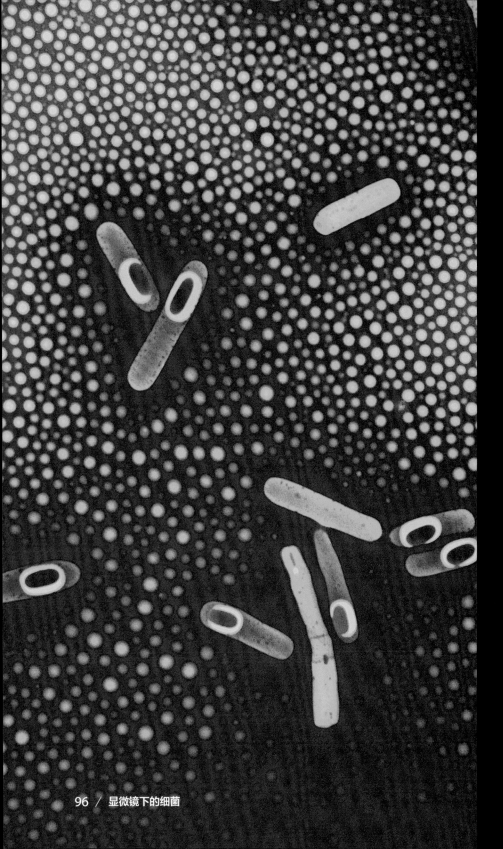

左图和右图：艰难梭菌（透射电子显微镜图像）

　　我们的肠道中存在着许许多多的普通菌群，正常情况下处于稳定的平衡状态，其中便包括艰难梭菌（如图所示）。当我们滥用、错用、误用抗生素时，这种平衡就会很容易地被打破，这时抗生素会杀死其中的一部分细菌，而使具有耐药性的艰难梭菌占据主导地位。这种细菌可以引起结肠炎，表现为严重的腹泻，有时甚至是致命的。左图中细菌内部的深紫色斑点是它的孢子，可以在不洁物体的表面存活数周。（左图放大倍数：2500倍，原图高度为10cm；右图放大倍数：32000倍，原图高度为10cm）

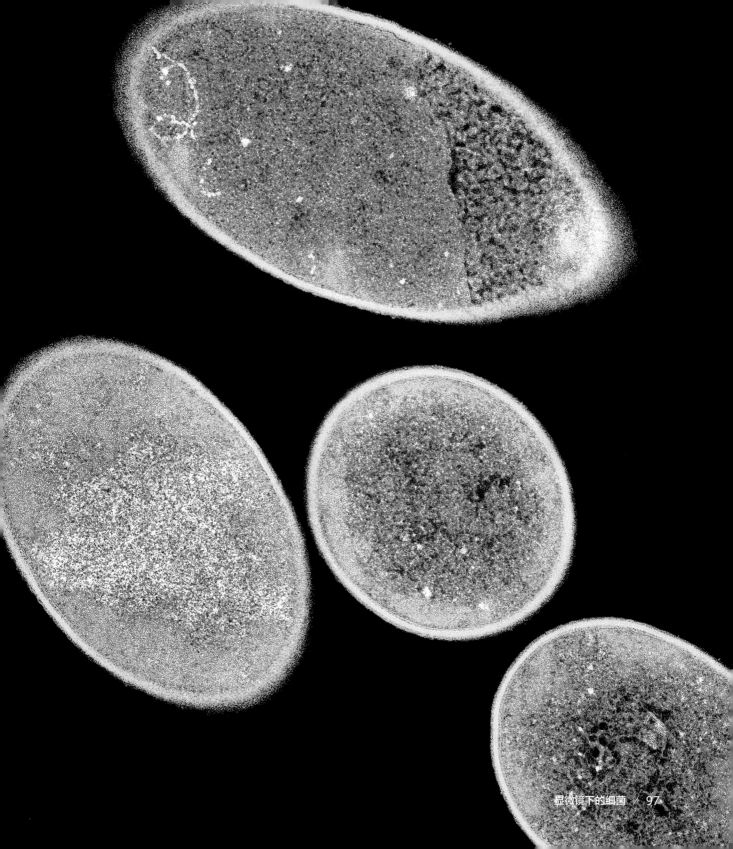

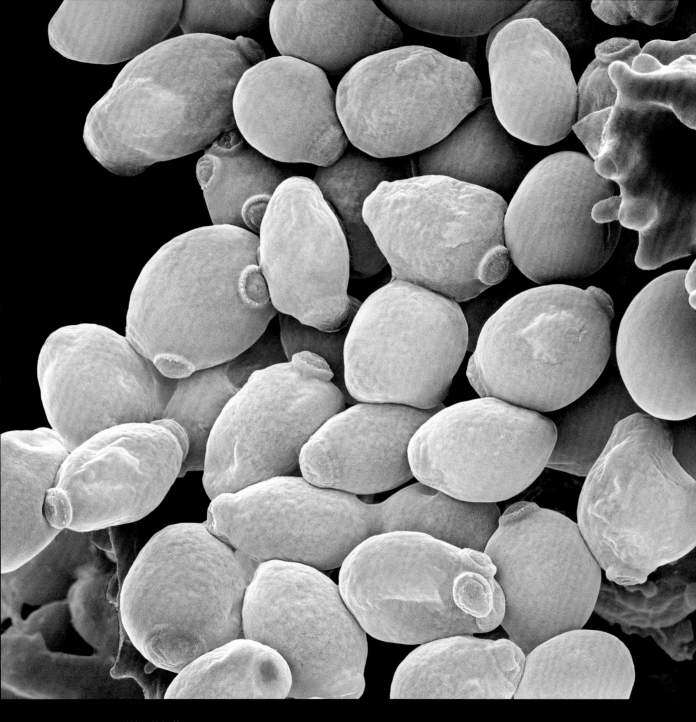

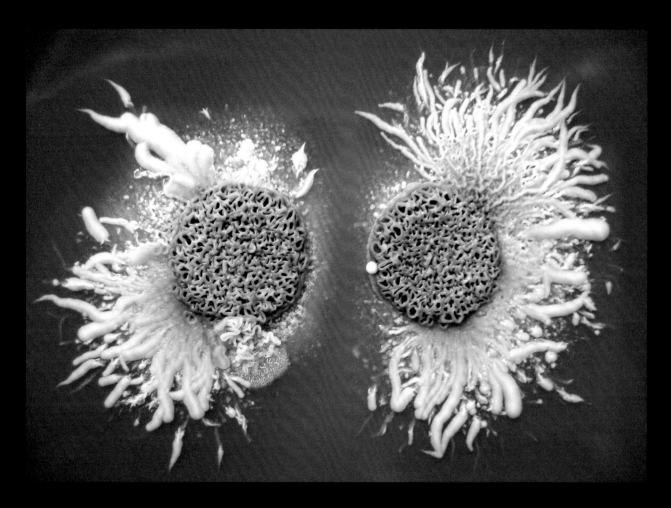

左图：白色念珠菌细胞群（扫描电子显微镜图像）

    白色念珠菌是一种在人体中很常见的酵母菌，通常情况下它不会对人体产生不良的影响。只有当长时间使用抗生素或免疫系统功能减弱时，它们会加速生长，导致鹅口疮、念珠菌性阴道炎，或者婴儿尿布疹。这是因为在过度生长的情况下，白色念珠菌通常会产生某种变化：单细胞变成了多细胞，并产生了抗药性。这张图像显示的是尿路感染患者尿液中检出的白色念珠菌。（放大倍数：4000 倍，原图宽度为 10cm）

上图：白色念珠菌（微距摄影图像）

    这张图像显示了人工培养的两株白色念珠菌菌落。它们可以在琼脂上生长，琼脂是一种从藻类中提取的物质，通常为暗绿色。而白色念珠菌的代谢物则能够提高其周围环境的 pH，也就是减弱酸性，增强碱性。在这个过程中，原本暗绿色的琼脂便会变成蓝色。图中的两株白色菌落正在向四周扩散寻找营养，然而有趣的是，它们会避开彼此。（放大倍数：未知）

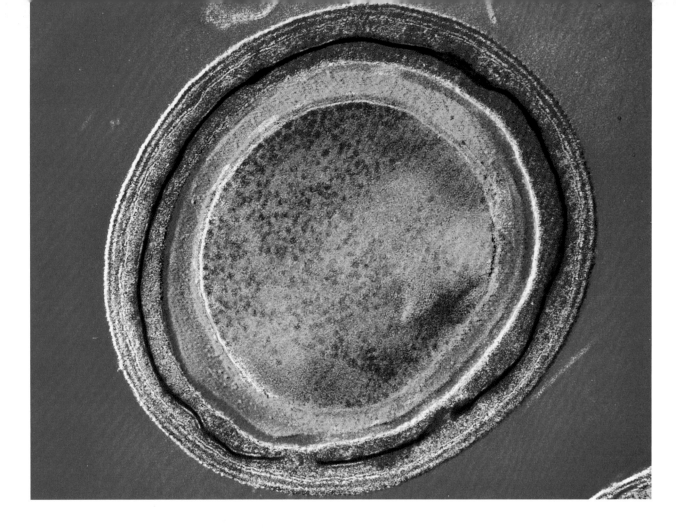

上图：破伤风梭菌的孢子（透射电子显微镜图像）

许多细菌都存在孢子状态——一种抵抗力很强、起保护作用的冬眠状态，直到外界环境利于生存后，它们可以再次恢复为细菌。图中为破伤风梭菌的孢子（橙色和绿色部分），被包裹在膜状的壁（紫色）当中。破伤风梭菌广泛存在于土壤和胃肠道中，通常无害。然而一旦进入开放的伤口，就会导致破伤风的发生——一种以肌肉痉挛为主要表现的致命性疾病，临床上及时接种破伤风疫苗是有效的治疗方法。（放大倍数：12150 倍，原图宽度为 10cm）

右图：百日咳鲍特杆菌（透射电子显微镜图像）

这是一张百日咳鲍特杆菌的横断面图。这种细菌能够引起百日咳，图中细菌中心的黄色部分是 DNA，外周是具有保护作用的细胞壁。百日咳（whooping congh）是根据咳嗽结束时吸气发出的声音而命名的。这种细菌通过呼吸道感染，对于新生儿，特别是早产儿有潜在致命性。目前临床上有针对这种细菌的预防性疫苗，但一旦发生感染，抗生素的效果通常十分有限。（放大倍数：9000 倍，原图宽度为 6cm）

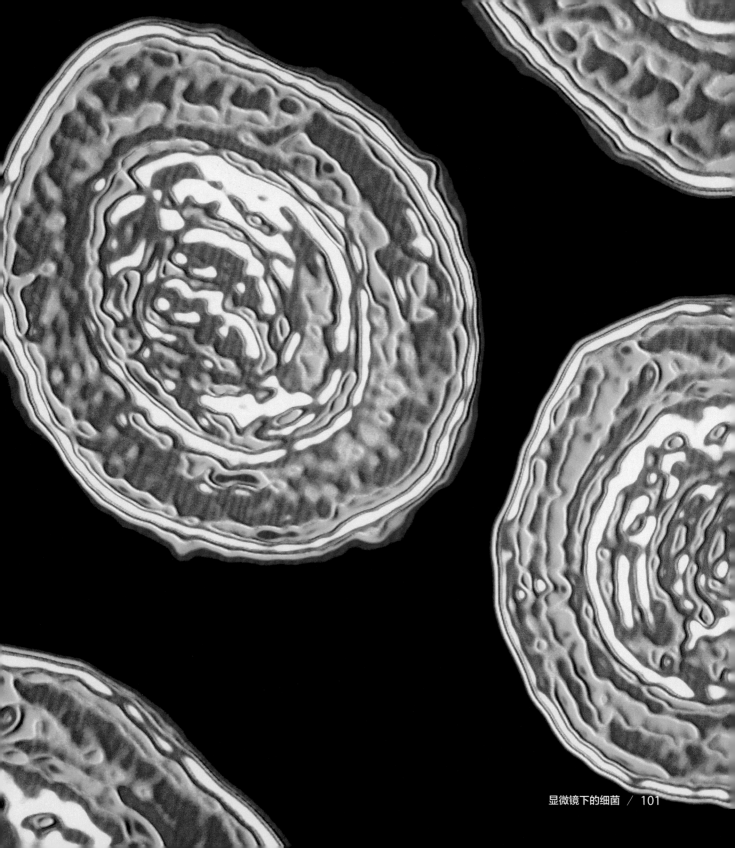

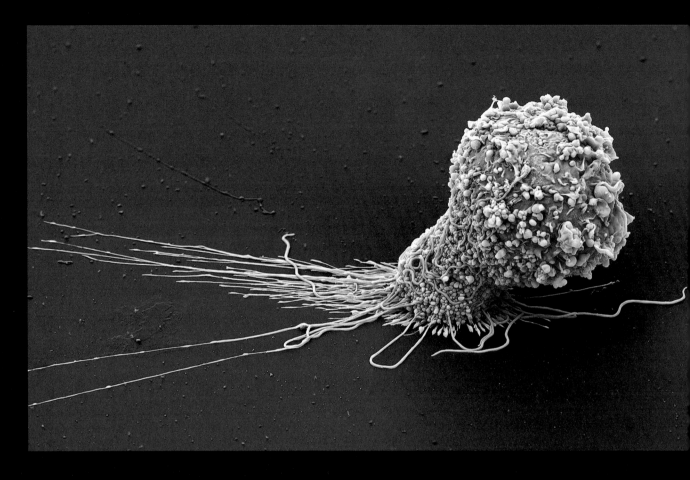

上图：被巨噬细胞吞噬的细菌（扫描电子显微镜图像）

巨噬细胞是一种白细胞，它们的主要工作就是发现并消灭血液中潜在的病原体。图中我们可以看到巨噬细胞（黄色）正在释放诱捕网捕获疏螺旋体（蓝色）。这种病原体主要通过蜱虫或虱子传播，从而导致莱姆病。被捕获后，巨噬细胞就可以将其吞噬，使其无法在我们体内兴风作浪。（放大倍数：2080 倍，原图宽度为 10cm）

右图：被白细胞吞噬的耐甲氧西林金黄色葡萄球菌（扫描电子显微镜图像）

图中粗糙的黄色球体是耐甲氧西林金黄色葡萄球菌（MRSA）。这种细菌十分狡猾，它可以在机体的免疫功能下降时，比如在患者处于术后康复期或患有艾滋病时伺机而入。尽管 MRSA 对抗生素有很强的抵抗力，但却招架不住我们的免疫系统。可以看到，图中的 MRSA 正在被白细胞捕获并吞入体内（吞噬作用），这些免疫细胞主要负责在发生感染时立刻冲到"前线"进行战斗。（放大倍数：未知）

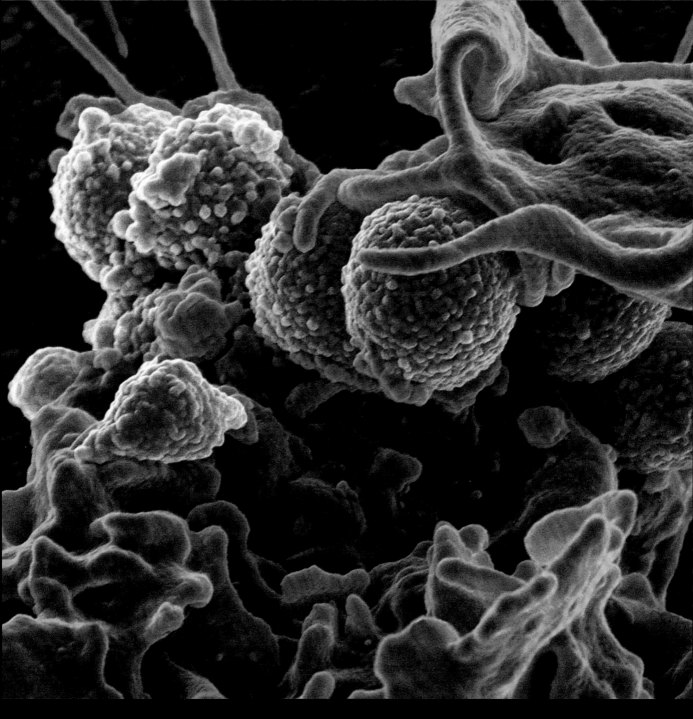

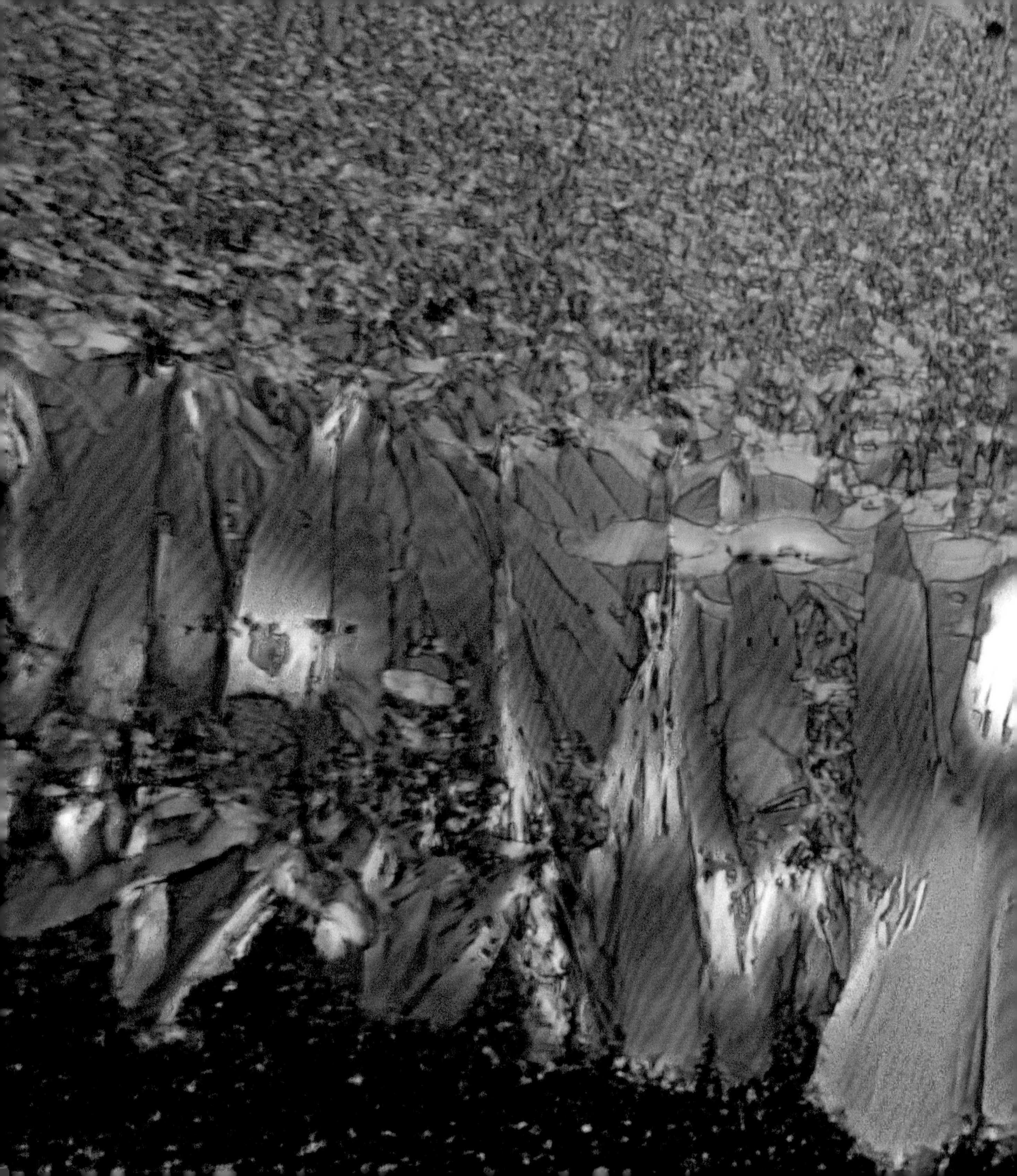

显微镜下的
药 物

篇章页图：青霉素（偏振光显微镜图像）

    青霉素是最早用于对抗葡萄球菌和链球菌的抗生素之一。1928 年亚历山大·弗莱明发现了青霉素，但一直到 14 年后它才首次被应用于临床。它最初是从青霉菌中提取而来，而现在却可以通过人工合成的方法获得。美中不足的是，随着青霉素的广泛应用，越来越多的细菌对它产生了耐药性。（放大倍数：70 倍，原图宽度为 10cm）

上图：倍氯米松晶体（扫描电子显微镜图像）

    倍氯米松是一种合成皮质类固醇，其在应激时由肾上腺皮质产生。它是用于治疗哮喘的口腔喷剂中的活性成分，可以有效缓解肺部的炎症。同时它也在鼻喷剂中使用，有助于缩小鼻息肉，以避免息肉对鼻腔感染带来的不利影响。（放大倍数：未知）

胚胎干细胞（扫描电子显微镜图像）

　　胚胎干细胞是构建人体的基础。作为人类生命的起点，它们具有多能性 —— 可以在相应环境中的生化信息作用下，发育为构成机体的任何细胞。从理论上讲，我们可以通过改造胚胎干细胞来修复因疾病而受损的组织。但这种干细胞的提取会破坏胚胎，因此目前这种方法的应用仍存在不少争议。（放大倍数：1500 倍，原图宽度为10cm）

可卡因（偏振光显微镜图像）

可卡因从古柯植物的叶子中提取，在医学领域主要作为口鼻区域手术的麻醉佐剂，同时也可以使血管收缩，从而起到止血的作用。另外，可卡因之所以还可以被用作毒品，是因为它能够抑制突触前膜对 5- 羟色胺、多巴胺和去甲肾上腺素的再摄取。由此这些神经递质在大脑中的浓度增加，从而给瘾君子们带来虚幻的欣快感。（放大倍数：未知）

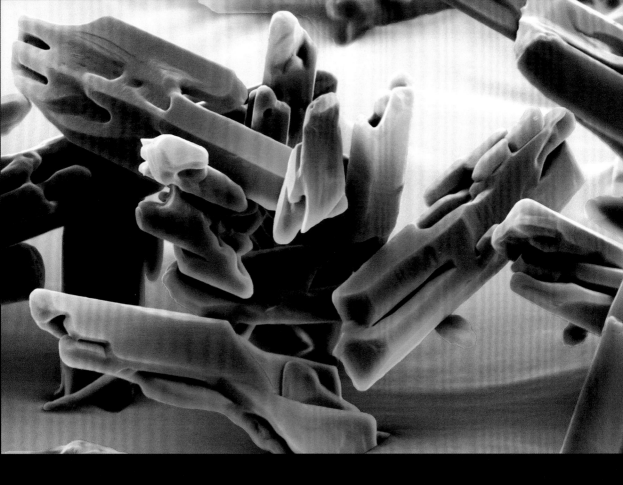

上图：吗啡晶体（扫描电子显微镜图像）

　　吗啡作为一种毒品可以使人产生一种虚幻的欣快感，类似于可卡因，它能够使人上瘾并产生耐药性，从而需要不断地加大剂量才能达到此前的效果。然而吗啡在医学领域却具有很高的价值，它可以作用于神经系统中的接收器，其通常由内啡肽（人体天然止痛药）触发，从而缓解疼痛，如心梗和分娩的止痛。（放大倍数：未知）

右图：催产素晶体（偏振光显微镜图像）

　　女性会产生催产素，这与两性吸引力和性行为有关，另外还可以起到加强社群凝聚力或母子间纽带联系的作用。催产素产生于下丘脑，由垂体分泌，在母亲分娩时，可以向胎儿大脑发送信号、诱发宫缩，甚至刺激泌乳。目前合成催产素在临床上主要用于引产、胎盘娩出和促进母亲泌乳。（放大倍数：未知）

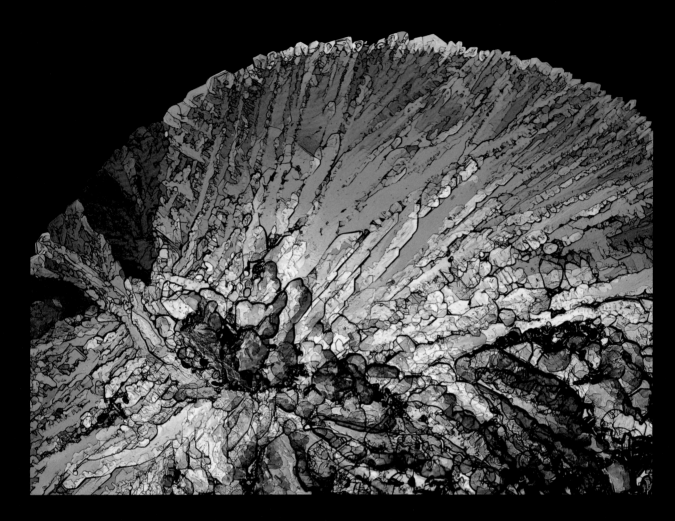

上图和右图：胰岛素晶体（偏振光显微镜图像）

胰岛素是一种蛋白质[1]，由胰腺产生，生理上用于控制血糖波动。而胰岛素的缺乏则会导致葡萄糖在血液中积聚，从而引发糖尿病。这种疾病的治疗方法之一便是注射医用胰岛素（通常提取自猪或牛的胰腺）。另外，胰岛素也可以用于治疗高钾血症 —— 一种非常危险的情况，可导致心悸和肌无力[2]。（放大倍数：未知）

---

① 准确地说应为多肽。—— 译者注
② 此处表述不严谨，高血钾结合病因，临床表现及治疗方式多样，胰岛素仅为常用治疗方式之一。—— 译者注

皮质醇（偏振光显微镜图像）

    类固醇是一类具有特殊结构的化学分子总称。皮质醇是一种类固醇激素，由肾上腺产生，在应激状态下与肾上腺素共同维持机体内环境的稳态。而其长期效果还包括组织修复、炎症缓解和机体抵抗力提高。临床上氢化可的松（一种皮质醇）可以被用于治疗炎症或风湿性疾病。（放大倍数：24倍，原图宽度为7cm）

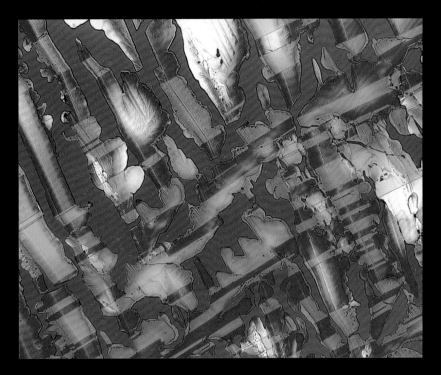

上图和右图：睾酮激素（偏振光显微镜图像）

睾酮与男性的第二性征有关，可以在 5−α−还原酶的作用下被还原为 5−α−双氢睾酮（DHT，如右图所示），从而具备更强的活性。男性和女性都能产生睾酮，但男性产生和消耗的睾酮量是女性的 20 倍，这与男性生殖器和其他结构，如肌肉和毛发的发育有关。药用睾酮作为药物被用作激素的替代治疗[①]。（上图放大倍数：100 倍，原图宽度为 7cm；右图放大倍数：16 倍，原图尺寸为 7cm × 7cm）

---

① 替代治疗：由于自身体内激素分泌不足，需要以外源激素加以补充、替代的治疗方法。常见的有甲状腺激素替代治疗、性激素替代治疗、肾上腺糖皮质激素替代治疗等。——译者注

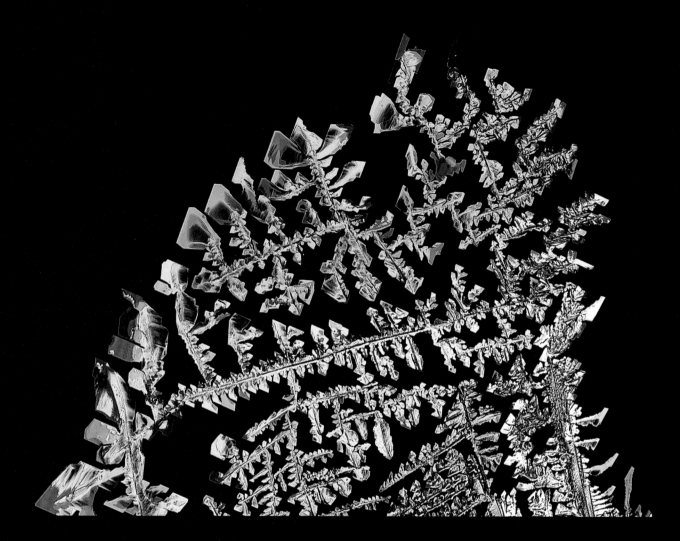

上图和右图：雌激素（偏振光显微镜图像）

　　雌二醇与女性的第二性征有关。它是六种雌激素中最有效的一种，控制着女性生殖器官的发育和其他性征。临床上可以用于更年期妇女的激素替代治疗、让变性人维持女性特征，以及乳腺癌和前列腺癌的治疗。另外雌二醇还可以用作避孕药物，但同时，它也可以用于不孕症的治疗。（上图放大倍数：未知；右图放大倍数：未知）

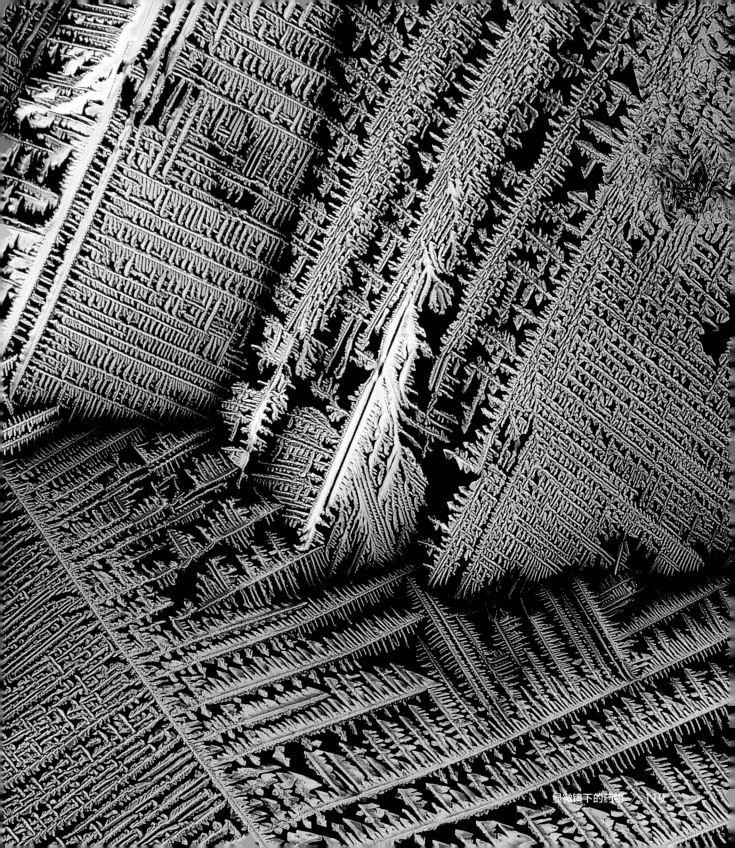

多巴胺晶体（偏振光显微镜图像）

     多巴胺是大脑中自然产生的一种化学物质，参与脑细胞之间的信息交流。众所周知，当获得奖励时，多巴胺的分泌就会增加并让人感觉快乐，甚至使人上瘾。另外它在运动的控制方面也起到了一定作用，多巴胺水平失衡会导致帕金森氏病和注意力缺陷多动障碍。在临床上，它可以用于治疗低血压或心率过慢，有时还可用于心脏骤停的抢救。（放大倍数：未知）

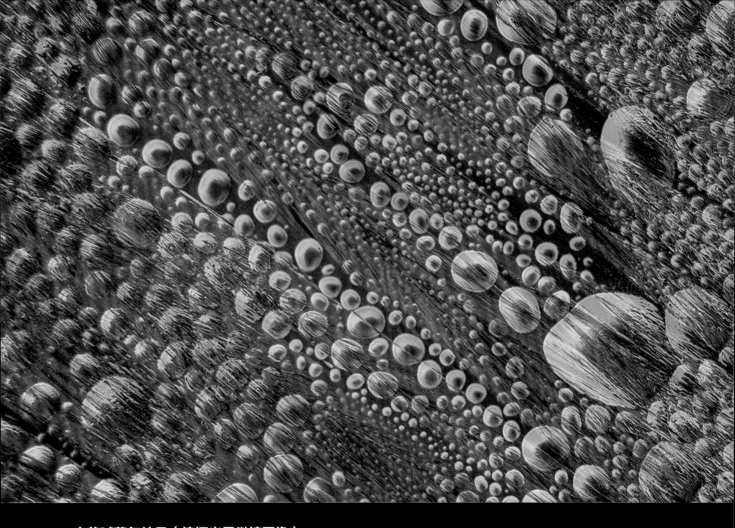

麻黄碱蒸气结晶（偏振光显微镜图像）

      麻黄碱于 1881 年被首次分离，事实上它已经
有约 6 万年的药用历史。它来源于一种麻黄科植
物 —— 联合冷杉。近年来麻黄碱已被用于治疗哮

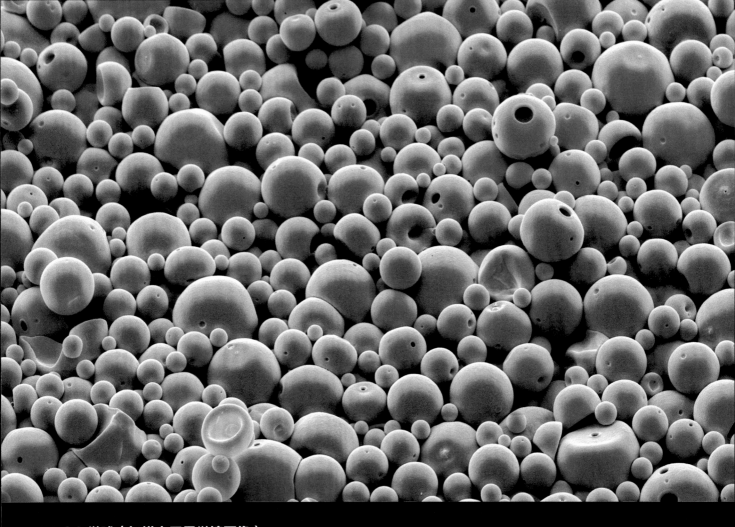

PLGA 微球（扫描电子显微镜图像）

　　这张图片显示的不是药物，而是能够精确地将药
物输送到机体所需地方的载体。微球包裹着药物，被覆
特定的蛋白质，通过特异性识别以引导它们去往身体

奎宁（偏振光显微镜图像）

奎宁曾经制成奎宁水，当然，那时候这种饮品不是用来调制杜松子酒的，而是用来预防疟疾的。它取自秘鲁金鸡纳树的树皮，最早从大约 17 世纪开始，金鸡纳树就被用来治疗疟疾。奎宁于 1820 年首次被分离出来，由于有时会产生严重的副作用，因此不再推荐作为疟疾的主要治疗药物。然而，它确实对狼疮和关节炎有治疗作用。（放大倍数：50 倍，原图宽度为 7cm）

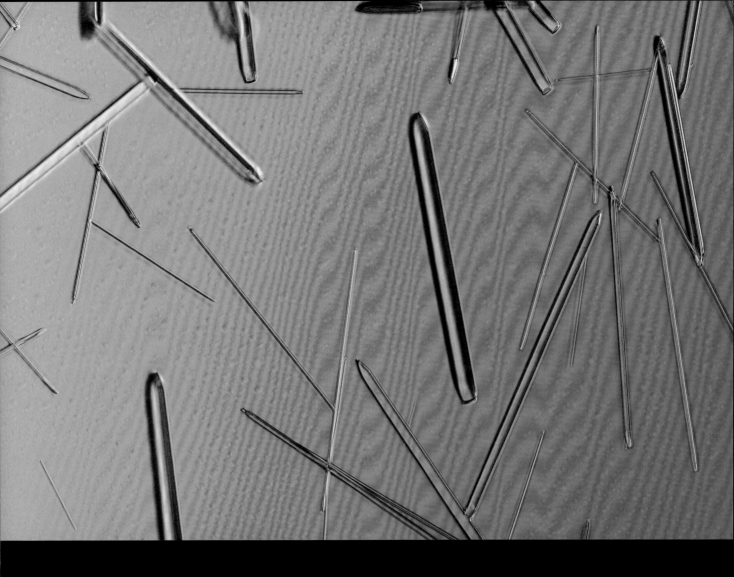

阿莫西林晶体（偏振光显微镜图像）

阿莫西林是青霉素家族成员，青霉素是一种用途广泛的抗生素，用来对抗包括耳、鼻、喉、皮肤（包括莱姆病）和尿道（包括衣原体）的细菌感染。当与克拉维酸联合使用时，它被称为复合阿莫西林－克拉维酸（co-amoxiclav），用于治疗严重感染，如结核病和动物咬伤。它与另一种抗生素克拉霉素（clarithromycin）联合使用，可以有效治疗幽门螺杆菌引起的胃溃疡。（放大倍数：220倍，原图宽度为10cm）

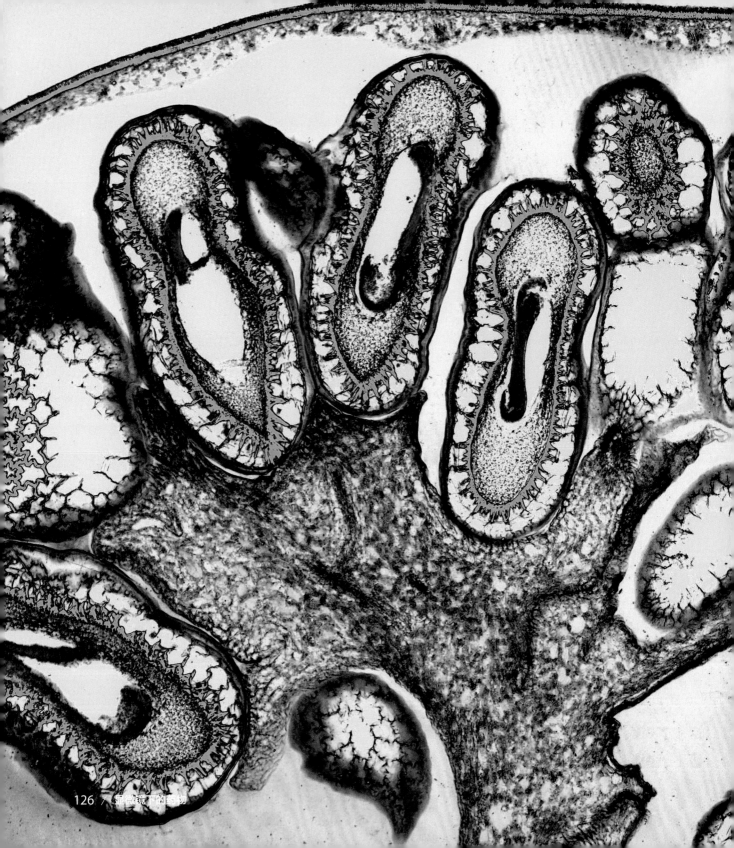

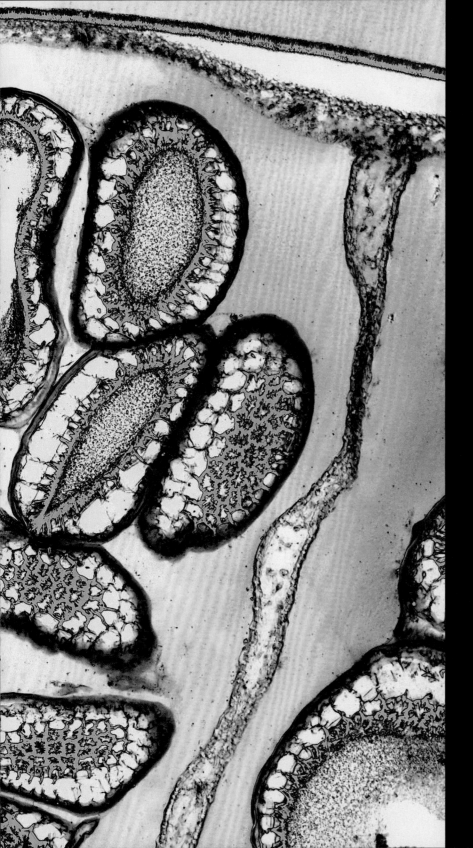

致命的颠茄（彩色光学显微镜图像）

图中为致命的茄科植物——颠茄种子头的横截面，清晰可见其内的种子。美味的西红柿和土豆也属于茄科植物，但颠茄却有毒性。在古代，它曾被涂抹在箭尖上，两位罗马皇帝的妻子都中其毒而身亡。小剂量的颠茄可作为药物与麻醉剂一起使用（用于调整心率），或用作胃炎或月经时的消炎药物。（放大倍数：未知）

左图：维生素 A 晶体（偏振光显微镜图像）

维生素 A 对我们的生长发育、免疫系统和视力功能，尤其对颜色和弱光的感知能力至关重要。因此维生素 A 的极度缺乏会导致失明。事实上，大多数动物制品中都有丰富的维生素 A，如乳制品、鱼类（尤其是金枪鱼）和肉类（尤其是动物肝脏）。但它最好的来源是β-胡萝卜素——一种存在于许多蔬菜（如羽衣甘蓝、胡萝卜）中的植物色素。所以说不妨多吃点胡萝卜，它对我们的夜间视觉确实有帮助。（放大倍数：未知）

右图：维生素 E 晶体（偏振光显微镜图像）

维生素 E 广泛存在于动物和植物的脂肪中，尤其是坚果、植物种子和植物油中。它是人体内一种良好的抗氧化剂，能够减缓细胞衰老的过程，因此成为抗衰老领域的明星。据报道，维生素 E 可以消除皱纹、软化皮肤和毛发，也可以修复烧伤和疤痕。（放大倍数：10倍，原图宽度为 10cm）

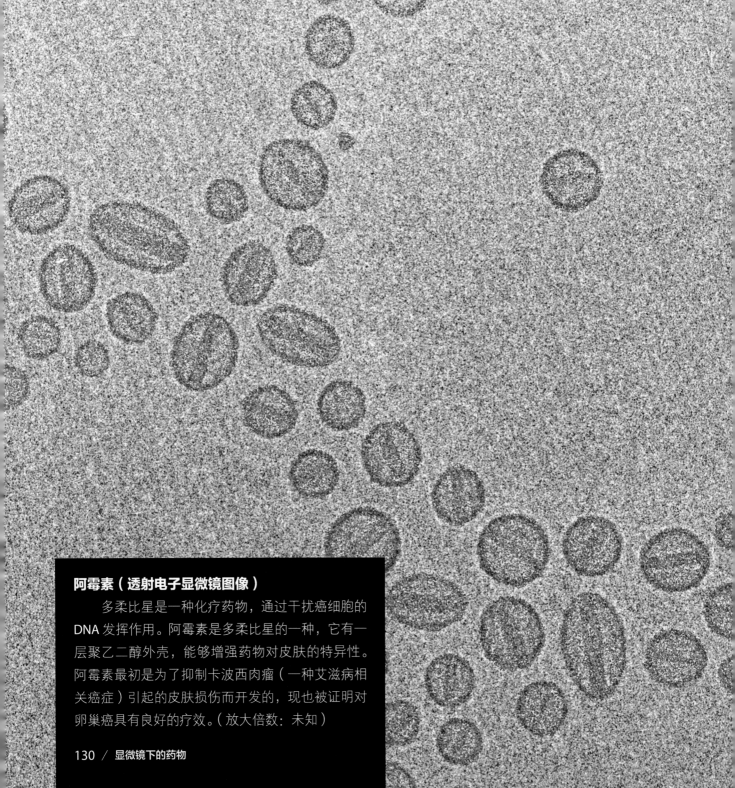

阿霉素（透射电子显微镜图像）

　　多柔比星是一种化疗药物，通过干扰癌细胞的DNA发挥作用。阿霉素是多柔比星的一种，它有一层聚乙二醇外壳，能够增强药物对皮肤的特异性。阿霉素最初是为了抑制卡波西肉瘤（一种艾滋病相关癌症）引起的皮肤损伤而开发的，现也被证明对卵巢癌具有良好的疗效。（放大倍数：未知）

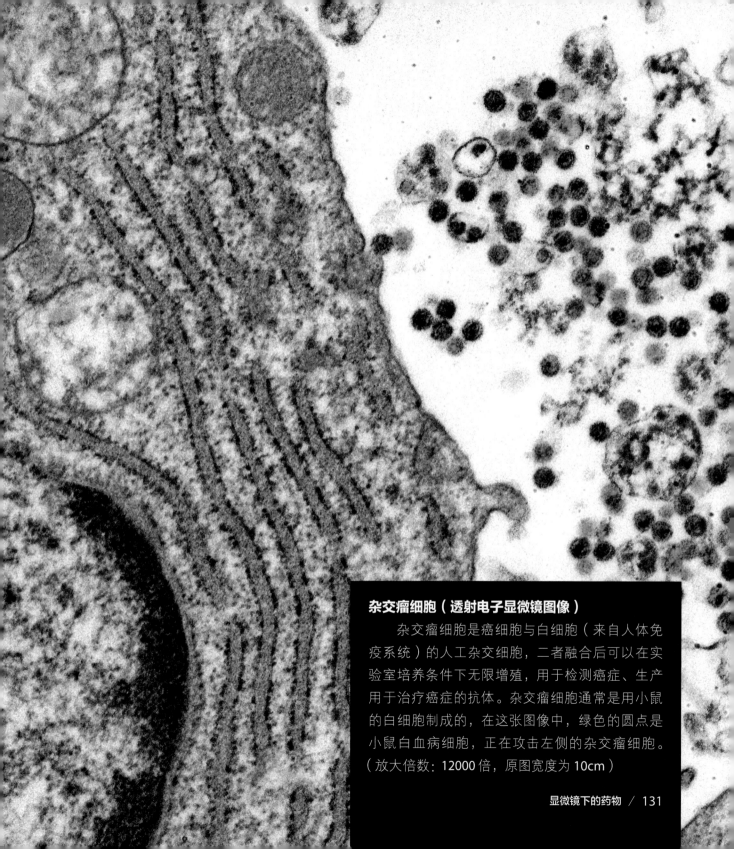

杂交瘤细胞（透射电子显微镜图像）

　　杂交瘤细胞是癌细胞与白细胞（来自人体免疫系统）的人工杂交细胞，二者融合后可以在实验室培养条件下无限增殖，用于检测癌症、生产用于治疗癌症的抗体。杂交瘤细胞通常是用小鼠的白细胞制成的，在这张图像中，绿色的圆点是小鼠白血病细胞，正在攻击左侧的杂交瘤细胞。（放大倍数：12000 倍，原图宽度为 10cm）

叶酸晶体（偏振光显微镜图像）

　　叶酸——维生素B9，是一种辅酶，对血液中蛋白质和血红蛋白的发育至关重要。胚胎阶段缺乏叶酸可能会导致胎儿大脑和脊柱的缺陷，如脊柱裂。因此，孕妇在受孕和妊娠期间需要额外补充叶酸。相关研究表明，定期摄入叶酸可以降低中风和心脏病发作的风险。（放大倍数：60倍，原图宽度为10cm）

左图和上图：氟西汀（偏振光显微镜图像）

　　盐酸氟西汀是一类抗抑郁药，众所周知的百忧解就是其中一种。盐酸氟西汀是一种选择性的 5- 羟色胺再摄取抑制剂（SSRI），从而使其更多地留在我们的大脑中，加强脑细胞之间的信息交流。而 5- 羟色胺能够使人产生幸福感，所以氟西汀等 5- 羟色胺再摄取抑制剂被用来治疗恐慌、抑郁和强迫症。（左图放大倍数：未知；上图放大倍数：未知）

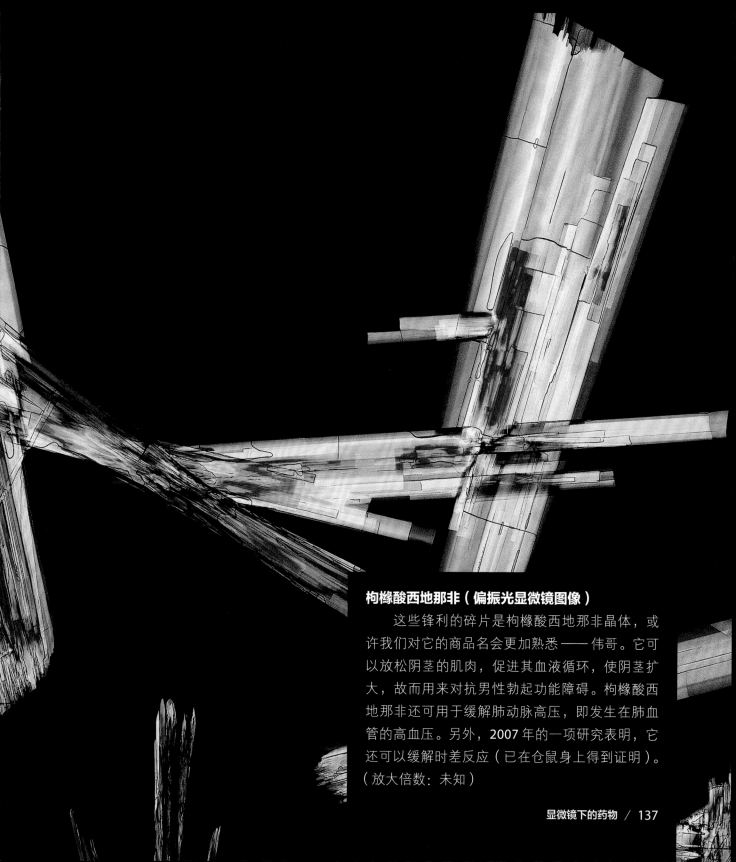

枸橼酸西地那非（偏振光显微镜图像）

　　这些锋利的碎片是枸橼酸西地那非晶体，或许我们对它的商品名会更加熟悉——伟哥。它可以放松阴茎的肌肉，促进其血液循环，使阴茎扩大，故而用来对抗男性勃起功能障碍。枸橼酸西地那非还可用于缓解肺动脉高压，即发生在肺血管的高血压。另外，2007 年的一项研究表明，它还可以缓解时差反应（已在仓鼠身上得到证明）。（放大倍数：未知）

上图：安定晶体（偏振光显微镜图像）

　　安定属于地西泮类的镇静剂，于 1960 年首次
获批上市，主要用于治疗失眠、眩晕和焦虑症，
此外还可以用于治疗某些特殊的肌肉痉挛。与酒
精、吗啡和巴比妥类似，它作用于大脑的愉悦和
奖励系统，因此很有可能导致药物成瘾。但在一
定指导下，该药物能辅助其他成瘾药物的戒断过
程。（放大倍数：33 倍，原图宽度为 10cm）

右图：咖啡因晶体（偏振光显微镜图像）

　　咖啡因是一种精神活性药物，它可以改变感
知和意识。许多人依靠咖啡、茶、可乐或其他能
量饮料的刺激来提高工作表现，其实都是靠其中
咖啡因的作用。然而过量的摄入会导致失眠、心
悸、定向力障碍、妄想，甚至（在极端情况下）
死亡。作为一种药物，它可以用于治疗早产儿、
婴儿的呼吸性疾病。另外还能减缓老年人语言和
认知功能的衰退。（放大倍数：未知）

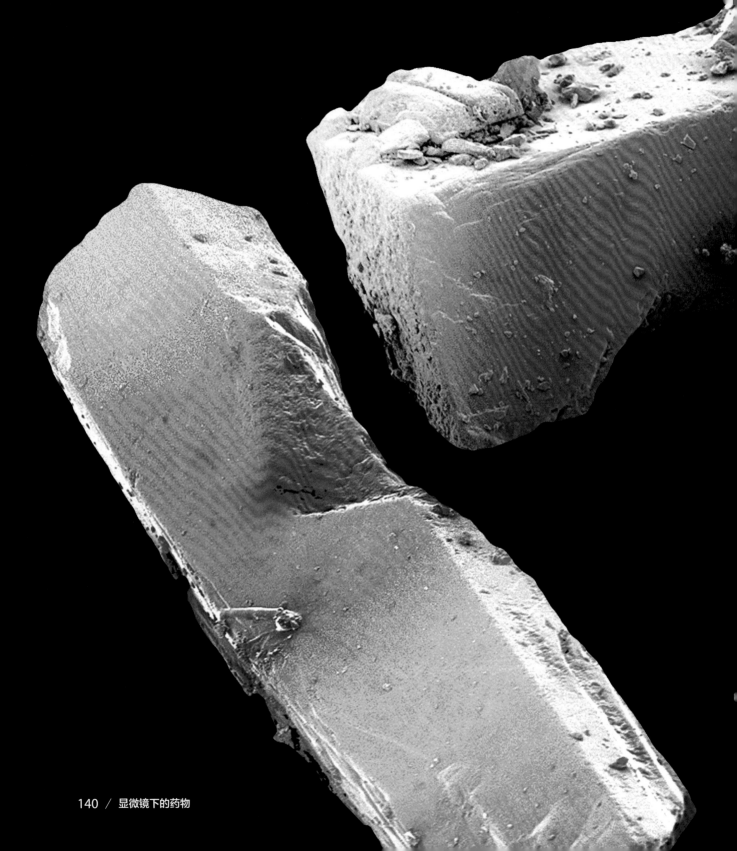

伟哥晶体（扫描电子显微镜图像）

　　伟哥——枸橼酸西地那非类药物，主要用于治疗男性勃起功能障碍。在性唤起时，身体会释放一氧化氮，可以放松阴茎肌肉，促进其血液循环，使肌肉膨胀。伟哥的作用机制即在于此，但不建议其和同样可以促进一氧化氮释放的一些治疗心脏的药物和毒品一起使用。（放大倍数：未知）

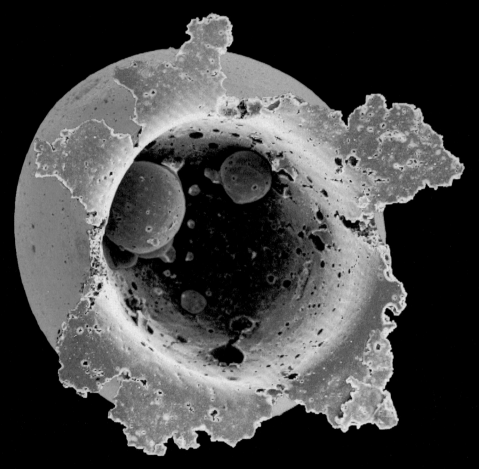

左图：用于药物输送的聚合物球（扫描电子显微镜图像）

聚合物球被用来携带药物送达体内需要的地方。它们之所以能做到这一点，主要归功于特殊的化学涂层，人体能够识别并将其传送到正确的位置，然后涂层溶解，球体裂开，内容物得以释放。这种球体可以携带药物（图中的深蓝色部分）或其他更小的需要定向释放的颗粒。（放大倍数：3000 倍，原图宽度为 10cm）

右图：硫酸沙丁胺醇晶体（扫描电子显微镜图像）

沙丁胺醇类药物，如万托林等，主要用于因炎症导致的气道狭窄（表现为呼吸困难）。这种狭窄可能由劳累诱发，尤其在哮喘或慢性支气管炎患者中非常常见。这种药物通常用吸入器自行给药。此外，它还有望治疗脊髓性肌萎缩症（一种罕见遗传病，由特殊蛋白质的缺乏引起），相关临床试验仍在进行当中。（放大倍数：未知）

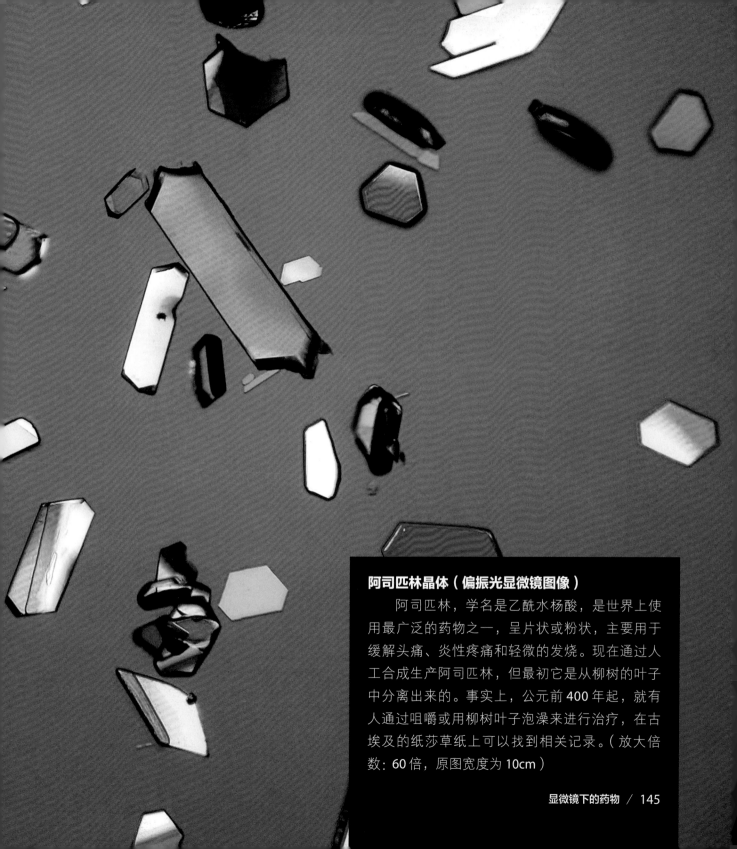

阿司匹林晶体（偏振光显微镜图像）

阿司匹林，学名是乙酰水杨酸，是世界上使用最广泛的药物之一，呈片状或粉状，主要用于缓解头痛、炎性疼痛和轻微的发烧。现在通过人工合成生产阿司匹林，但最初它是从柳树的叶子中分离出来的。事实上，公元前 400 年起，就有人通过咀嚼或用柳树叶子泡澡来进行治疗，在古埃及的纸莎草纸上可以找到相关记录。（放大倍数：60 倍，原图宽度为 10cm）

左图：链霉素晶体（偏振光显微镜图像）

　　1943 年，第二次世界大战期间，新泽西州立罗格斯大学的一名学生首次分离出链霉素 —— 第一种用于治疗结核病的抗生素。它是美国陆军在战后对重病士兵进行试验才逐步开发应用的，尽管早期试验中的一些患者死亡或者失明，他们仍坚持不懈，最终找到良方。这名学生的导师后来被授予诺贝尔奖，以表彰他学生的成就。（放大倍数：33 倍，原图宽度为 3.5cm）

上图：维他嗪晶体（彩色光学显微镜图像）

　　维他嗪属于阿扎替丁类化疗药物，主要用于治疗骨髓增生异常综合征（一种血液病）。骨髓增生异常综合征患者骨髓中的未成熟血细胞发育受到了限制，导致血小板、红细胞和白细胞数量下降、形态功能异常。输血是标准的治疗方法，但自 2004 年维他嗪开始使用，输血不再那么必要。该药物可以刺激正常血细胞的产生，同时破坏恶性血细胞。（放大倍数：未知）

左图：阿司匹林（偏振光显微镜图像）

阿司匹林是一种常用的非甾体类抗炎药，主要用于治疗日常疼痛。此外它还可以稀释血液、防止心脏病发作、降低患结直肠癌的可能性。1897年，为了纪念它的发明者，该药物被命名为拜耳。虽然拜耳公司仍然拥有这个名称的一定权利，但阿司匹林已经成为众多国家所使用的通用名称。（放大倍数：未知）

右图：Zorvirax 晶体（透射电子显微镜图像）

Zovirax 属于阿昔洛韦类抗病毒药物。阿昔洛韦于1977年被首次发现，主要用于预防和治疗几种疱疹病毒的相关疾病，如生殖器疱疹、唇疱疹、水痘和慢性眼部疱疹。这种药物最初提取自加勒比海绵，它能够选择性地攻击病毒，不会对未感染的细胞造成附加损害。（放大倍数：未知）

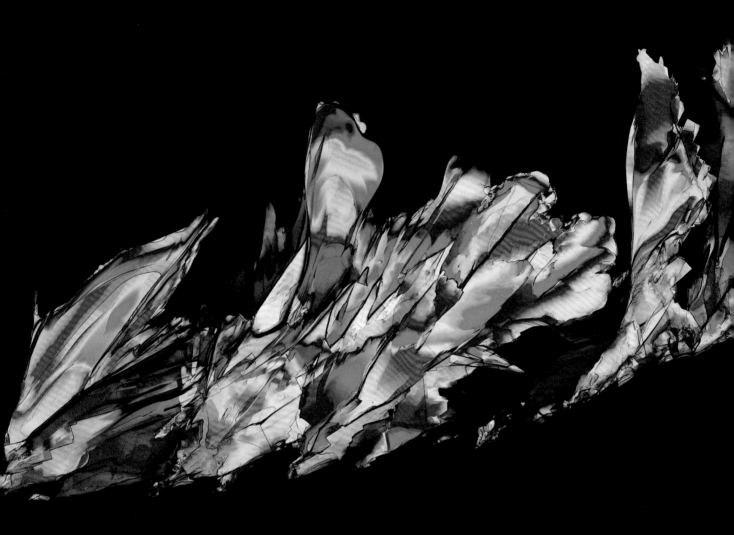

上图：多巴胺药物晶体（偏振光显微镜图像）

多巴胺是大脑中一种自然产生的神经递质，能够调节我们大脑的愉悦和奖励中心。不同寻常的是，这种药物在人类大脑（1957 年）以自然形式被发现之前（1910 年）就已经合成了。几乎所有动物中都发现了多巴胺，细菌中也发现了多巴胺。许多植物也合成多巴胺，特别是香蕉，但是植物多巴胺不能越过血脑屏障，所以吃香蕉不会通过它的多巴胺让你快乐。（放大倍数：未知）

右图：大麻（扫描电子显微镜图像）

图中这些植物表面的这些人工着色的肿块是一种叫作毛状体的腺体，它能够分泌吸毒者们所熟悉的大麻树脂。大麻正是从这种植物的花和叶中提取的。K 粉是大麻花、叶和毛状体的粉末残留物。当然，大麻具有很高的医用价值。医用大麻可以缓解慢性疼痛和肌肉痉挛，包括抽动秽语综合征患者的抽搐。它还可以减少化疗产生的恶心副作用。（放大倍数：35 倍，原图宽度为 10cm）

麻黄碱药物晶体（偏振光显微镜图像）

　　麻黄碱在医学上可以用来升高血压，其临床
上常用于扩张患者（如哮喘）的气道。当然，它
还能帮助减肥，特别是与咖啡因（天然存在于咖
啡中或其他地方）和茶碱（可可豆的一种成分）
共同使用时。（放大倍数：未知）

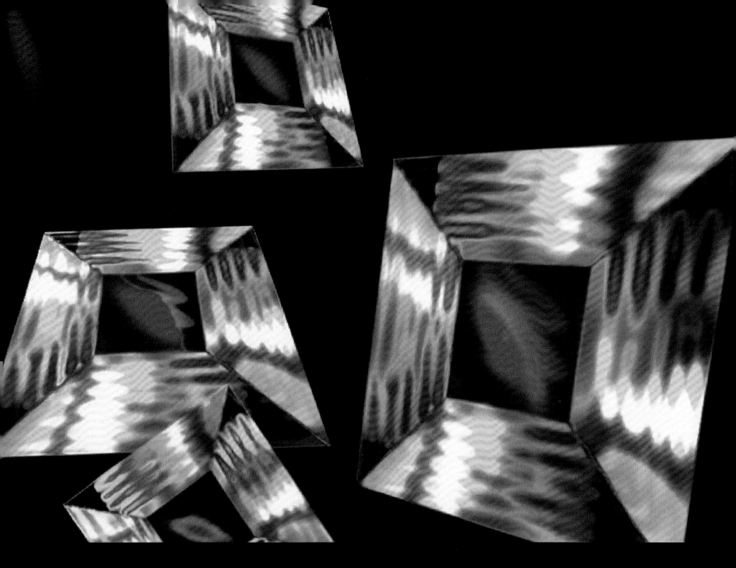

泛酸晶体（偏振光显微镜图像）

这些排列巧妙的晶体是泛酸（维生素 B5）晶体的图像。维生素对于男女老幼而言都是非常有用的助推剂，是辅酶 A 的来源。它协助机体加工脂肪、碳水化合物和蛋白质。泛酸的名字来自古希腊语，意为"来自世界各地"。它几乎存在于每一种食物中，肝、肾、蛋黄和花生是其最丰富的来源。（放大倍数：未知）

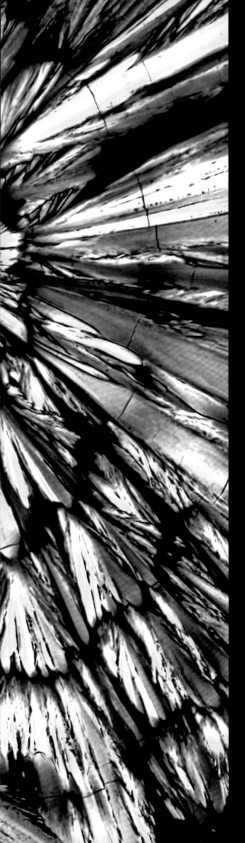

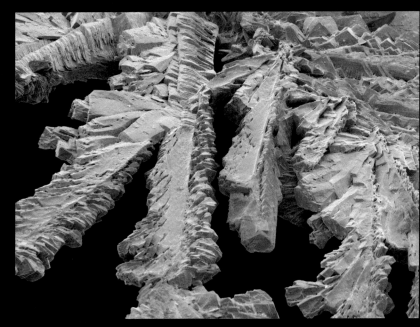

上图：抗组胺药物晶体（扫描电子显微镜图像）

　　人体免疫系统可以释放组胺，以防御花粉等过敏原的入侵。这时，组织液分泌增多，通常会导致流泪和流涕。但是，当组织肿胀和发炎时，鼻子也会堵塞和发痒。抗组胺药物可以阻断人体的这种防御反应。众所周知，它们可以用于治疗花粉热，同时也适用于过敏性休克等严重过敏的患者。（放大倍数：未知）

左图：氯胺酮晶体（偏振光显微镜图像）

　　氯胺酮用于镇静和止痛，通常在医院或战地的紧急情况下使用。与其他麻醉剂相比，它对如心跳和呼吸等基本反射的抑制作用较小。氯胺酮还可以使人进入恍惚状态 —— 产生分离感，甚至幻觉，比如经常有使用者发生意外溺水或中毒事件。由此氯胺酮受到了瘾君子的喜爱，然而在脱离了相关监督的非医疗用途下，它常常会导致死亡。（放大倍数：未知）

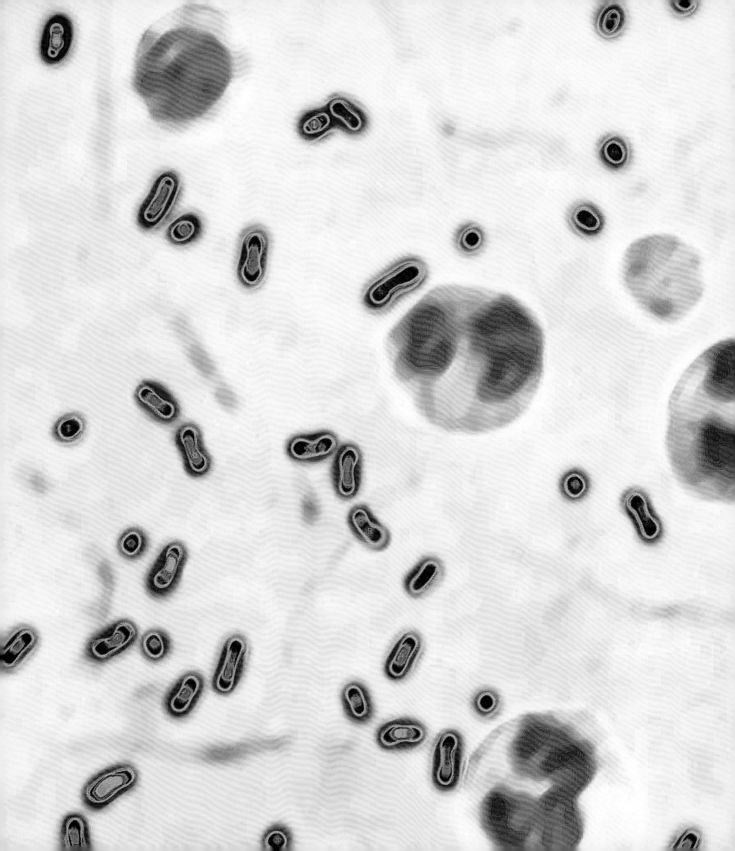

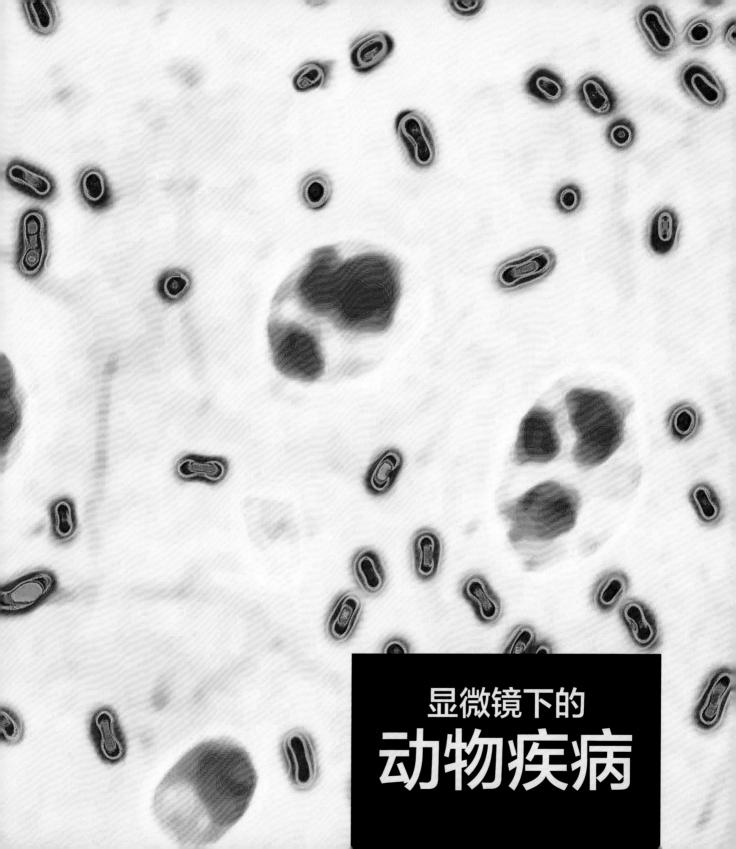

显微镜下的
动物疾病

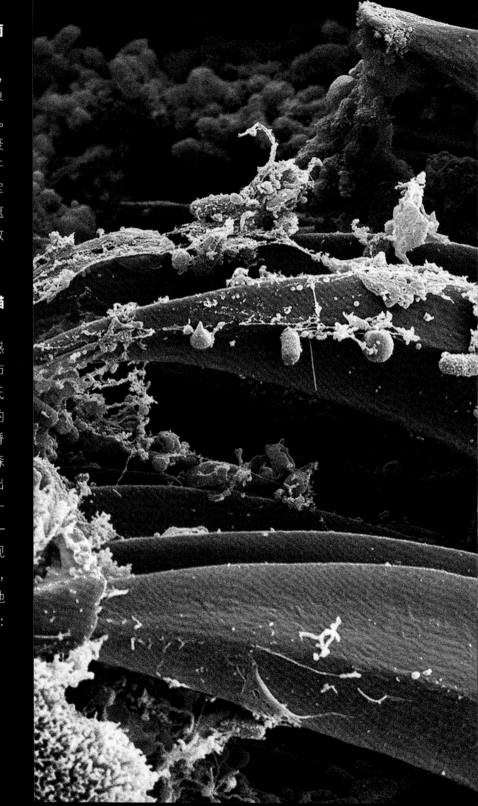

篇章页图：鼠疫耶尔森氏菌（光学显微镜图像）

腺鼠疫，也被称为黑死病，在 14 世纪的一次暴发中，世界大约三分之一的人口因此死亡。图中蓝色的小椭圆形就是鼠疫耶尔森氏菌。这种细菌寄生于老鼠身上的跳蚤，它们跟随军队、贸易商品，甚至是逃离瘟疫的人的足迹在全球传播。（放大倍数：未知）

右图：鼠疫耶尔森氏菌（扫描电子显微镜图像）

腺鼠疫首先表现为流感样症状，最终皮肤上会出现疖子，鼠蚤于此将鼠疫耶尔森氏菌引入宿主体内。这张放大的图像显示了一只东方鼠蚤的脊椎（紫色），上面有鼠疫耶尔森氏菌（黄色的稻谷样结构）出没。这种细菌往往不是传播一种，而是三种类型的鼠疫——腺鼠疫、肺鼠疫和败血症。现在每年仍有数以千计的病例，但现代医学的进步能够极大地改善患者的预后。（放大倍数：未知）

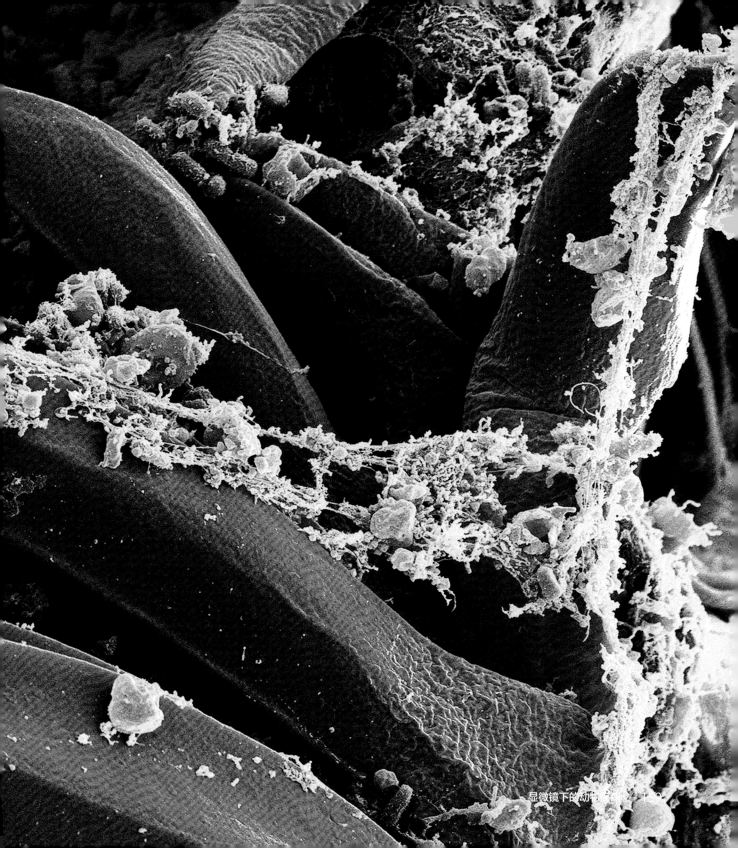

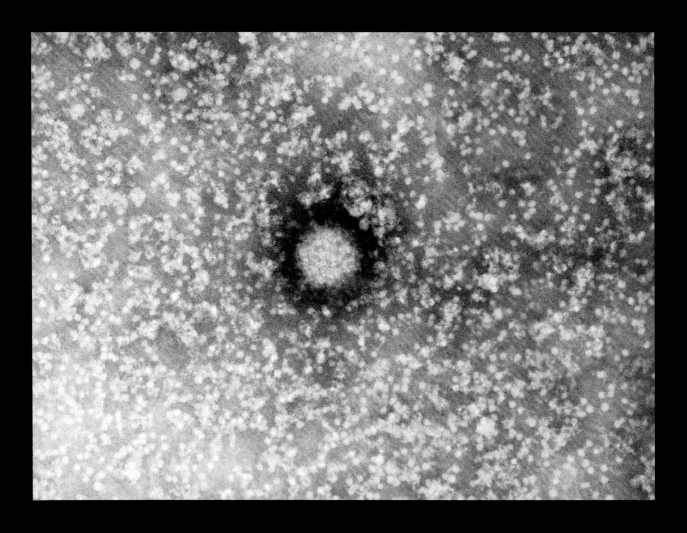

上图：施马伦伯格病毒（透射电子显微镜图像）

这片绿色"星空"中的橙色"太阳"是施马伦伯格病毒的病毒体。2011年，人们首次发现施马伦伯格病毒（以德国北部的一个疗养地命名），是其引起了一种农场牲畜疾病，自此以后，欧洲又有超过15个国家报道了类似情况。这种由蚊子携带的病毒会导致死产和种群先天畸形，因此人们希望针对类似病毒的疫苗也能对施马伦伯格病毒产生一定的效果。（放大倍数：106000倍，原图宽度为10cm）

右图：鼠疫耶尔森氏菌（荧光显微镜图像）

这张图像利用荧光抗体来标记鼠疫耶尔森氏菌。这种细菌通过带菌鼠蚤的叮咬传播给人类。这种细菌曾在世界各地引起了几次历史性的腺鼠疫大流行。在现代，及时应用抗生素治疗常常可以避免患者死亡。（放大倍数：未知）

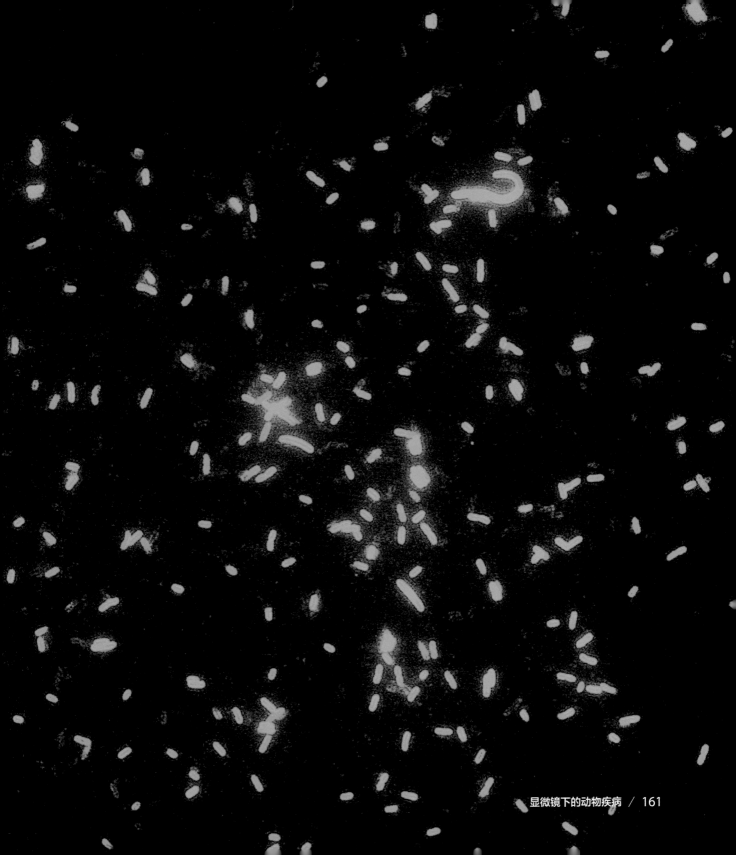

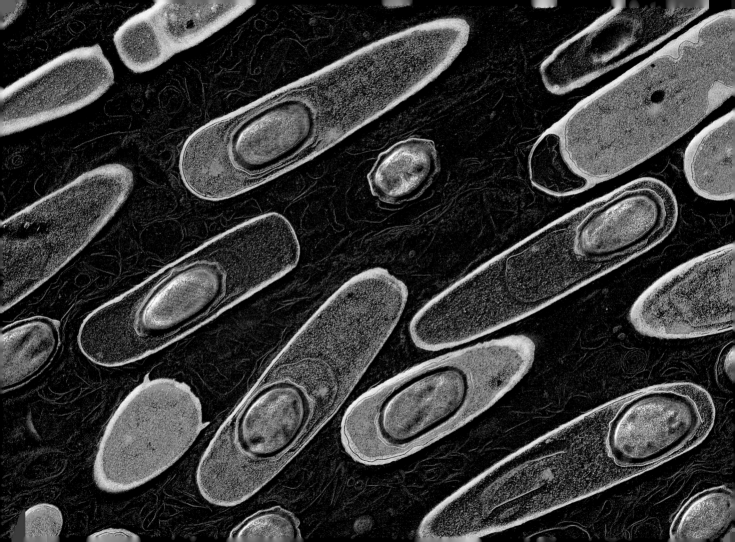

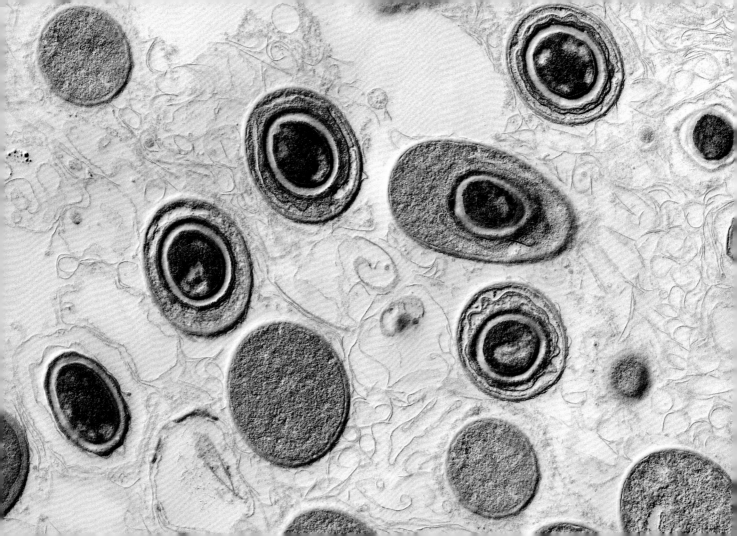

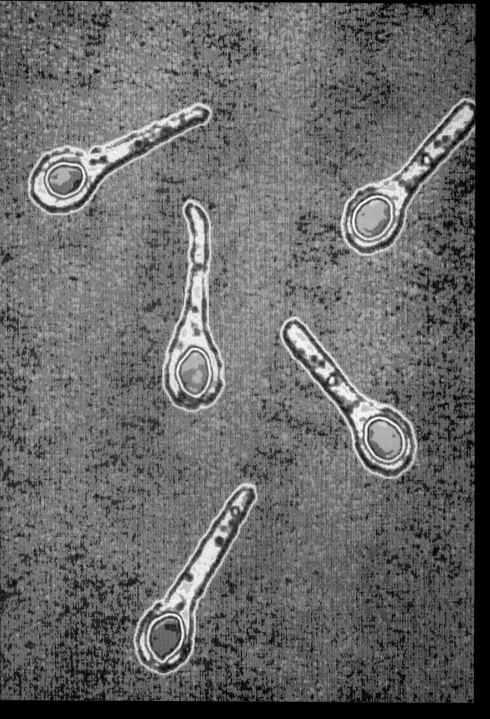

破伤风梭菌存在于土壤和动物的肠道中，可以通过开放的伤口进入人体，引起破伤风。这是一种以肌肉痉挛和呼吸困难为典型表现的疾病。破伤风梭菌可以产生破伤风痉挛毒素——已知最强的毒素之一，2.5 毫克每千克体重的剂量即可致命。1924 年研制的疫苗在第二次世界大战中挽救了许多伤员的生命。（放大倍数：未知）

右图：被弓形虫感染的细胞（透射电子显微镜图像）

图中绿色大圆盘内的粉色小圆盘是寄生在人体的弓形虫。弓形虫可以广泛感染温血动物，但只能在野猫或家猫体内繁殖。它可以引起弓形虫病——一种在健康成年人中几乎无症状的疾病。然而，对于免疫系统有缺陷的人，弓形虫可以导致癫痫或行动困难。这种寄生虫可以通过胎盘由母亲传播给胎儿。（放大倍数：4170 倍，原图宽度为 10cm）

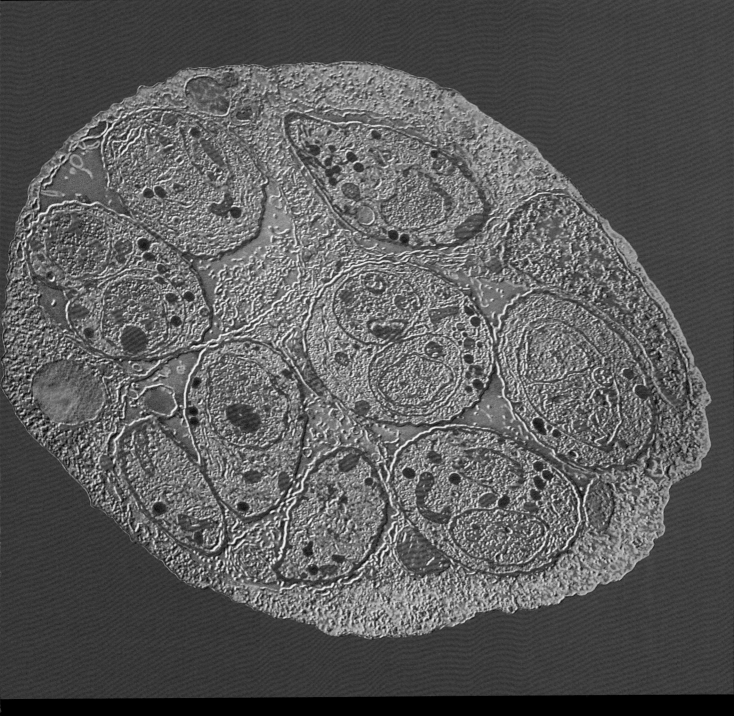

左图：羊蜱上的伯氏疏螺旋体（扫描电子显微镜图像）

如图所示，锯齿状的边缘是羊蜱细长的下颌，微小的红色棒状物是莱姆病的病原体——伯氏疏螺旋体。蜱虫以鸟类、爬行动物和哺乳动物的血液为食，通常蜱虫在附着一两天之后，即可咬穿受害者的皮肤并传播疾病。莱姆病可以引发一系列不适的症状，而且可以在原发感染几个月后再次发作。（放大倍数：550 倍，原图宽度为 6cm）

右图：狗绦虫顶突（彩色光学显微镜图像）

这颗绚丽的蓝色"星星"是狗绦虫的顶突。这种寄生虫借助顶突上的一圈小钩吸附在宿主的肠道内，从而保护自己不受流入的食物或流出的粪便所影响。每个小钩大约 240 微米长，而绦虫本身可达到 2 米长。（放大倍数：未知）

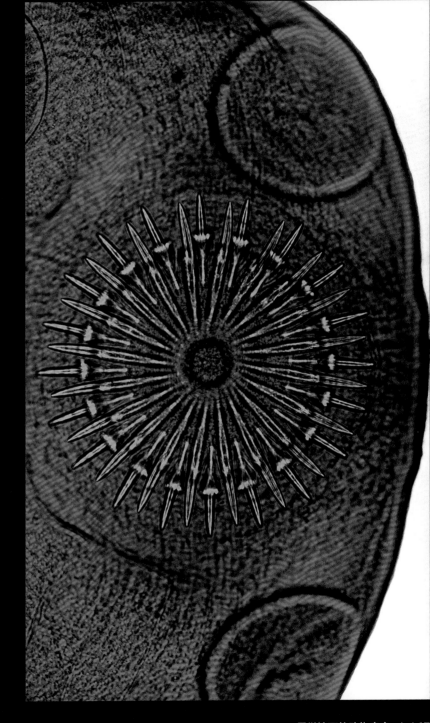

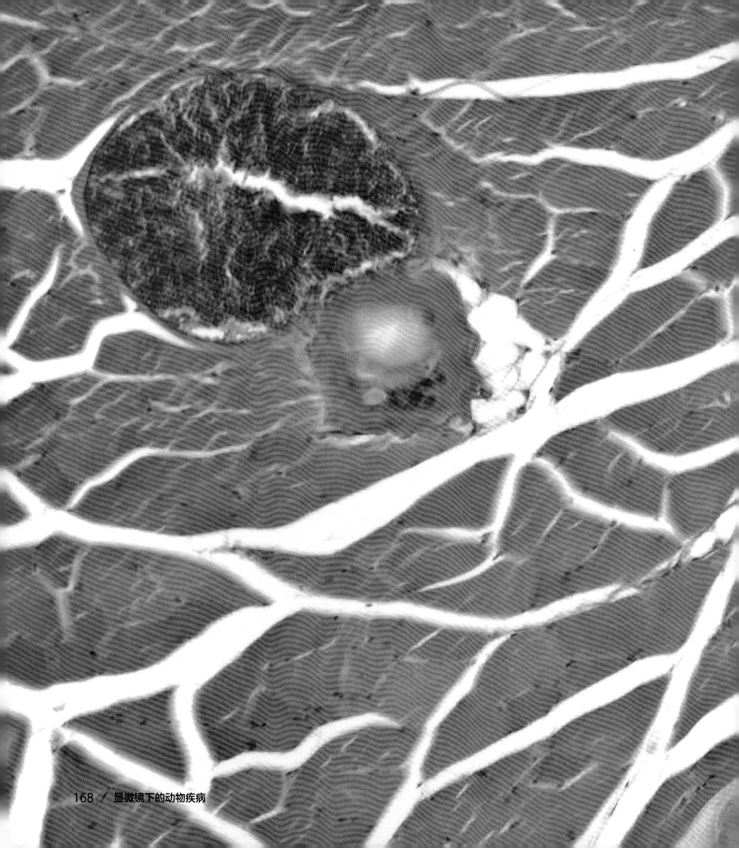

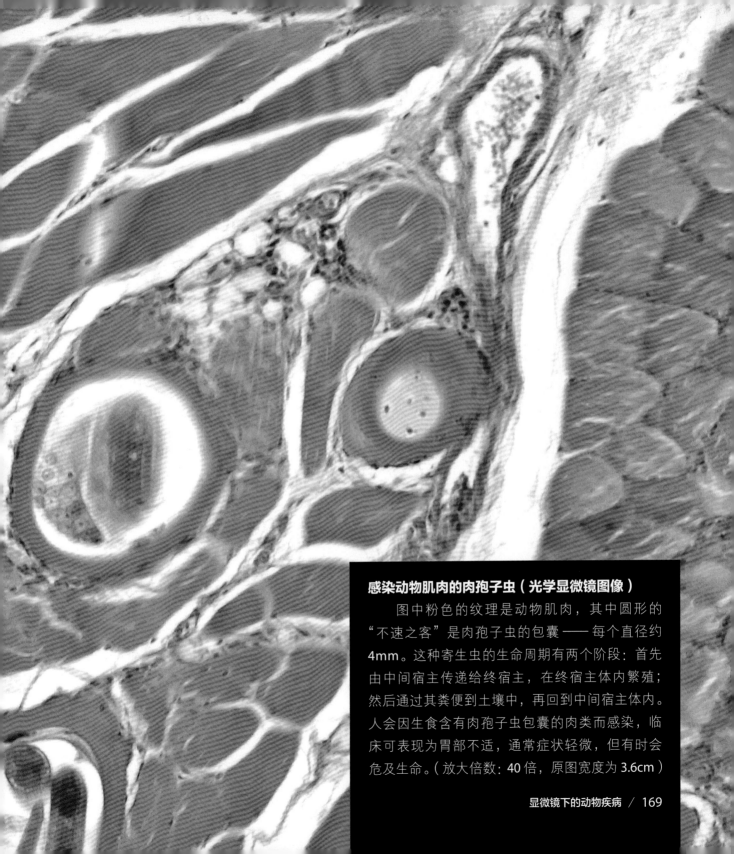

感染动物肌肉的肉孢子虫（光学显微镜图像）

　　图中粉色的纹理是动物肌肉，其中圆形的"不速之客"是肉孢子虫的包囊——每个直径约**4mm**。这种寄生虫的生命周期有两个阶段：首先由中间宿主传递给终宿主，在终宿主体内繁殖；然后通过其粪便到土壤中，再回到中间宿主体内。人会因生食含有肉孢子虫包囊的肉类而感染，临床可表现为胃部不适，通常症状轻微，但有时会危及生命。（放大倍数：40倍，原图宽度为**3.6cm**）

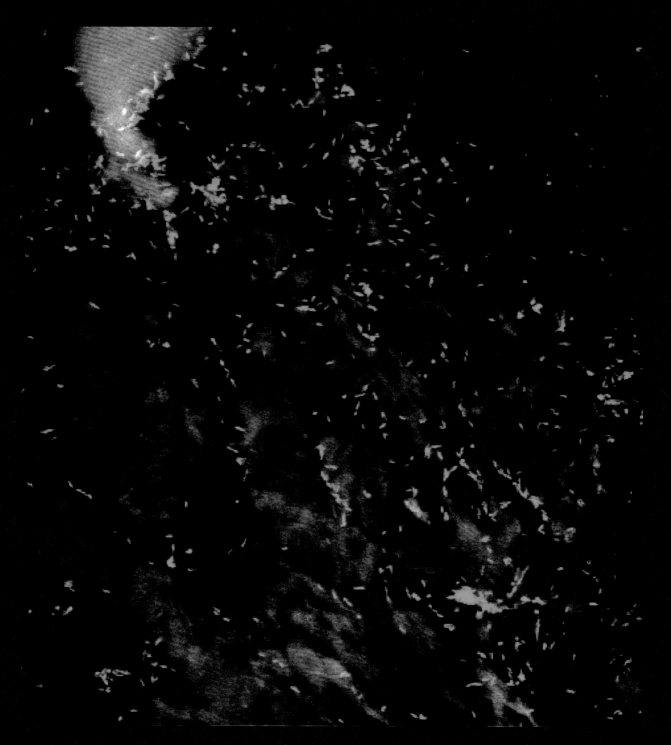

左图：鸡皮上的弯曲杆菌（共聚焦光学显微镜图像）

图中绿色斑点为弯曲杆菌，通常寄生在家禽中，人可因生食受污染的鸡肉而感染。由此引起的弯曲杆菌病通常表现为胃痉挛和血性腹泻，可持续一周左右。弯曲杆菌可以产生毒素而抑制感染细胞的分裂，从而逃脱人体免疫系统。补充充足的水分可以将细菌排出体外。（放大倍数：未知）

右图：土拉方杆菌（透射电子显微镜图像）

土拉方杆菌寄生在松鼠和兔子等啮齿动物体内，可以通过吸入、皮肤黏膜接触以及蜱虫叮咬（最常见）感染人类，其中猎人和农场工人为主要的易感人群。只有 10 种土拉方杆菌可以导致感染，而土拉方杆菌已与埃博拉病毒、炭疽杆菌和腺鼠疫杆菌共同被列为生物战剂[1]。这种细菌很少会致命，但它会引起具有致残性的发热和肺炎。对此，目前尚无有效的疫苗。（放大倍数：58000 倍，原图宽度为 6cm）

---

[1] 生物战剂指能在人或动植物体内繁殖并引起大范围疾病的致病微生物。——译者注

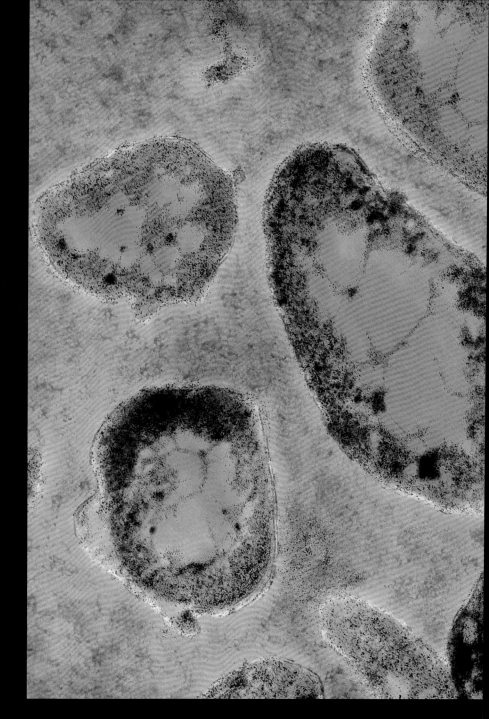

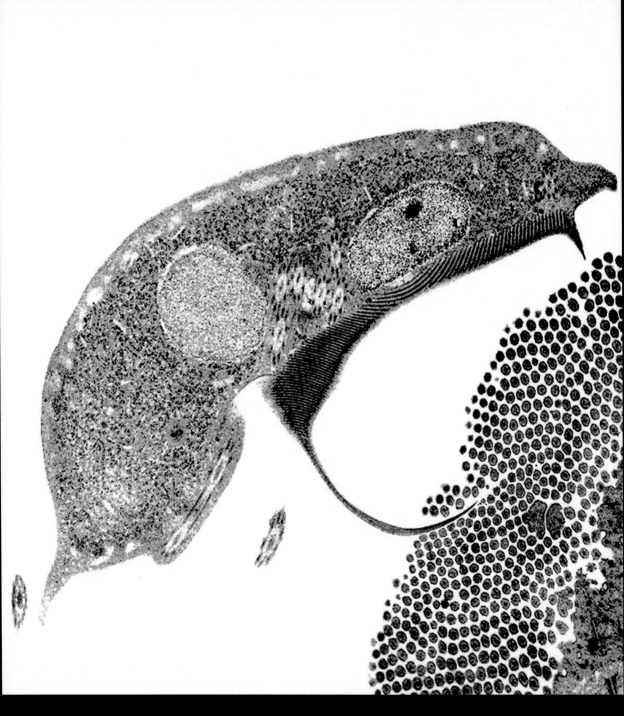

左图：贾第鞭毛虫（透射电子显微镜图像）

在这张横断面图像上，绿色的小圆圈是微绒毛——肠腔内用于吸收营养的毛发状的"小山丘"。被染成蓝色的生物是贾第鞭毛虫。钩状的四肢是它的鞭毛，负责运动。它通过吸盘（图右下角所示，其身体上的同心圆）附着在肠壁上。人因接触受污染的食物和水而感染，临床表现为剧烈的胃部不适。（放大倍数：7300 倍，原图宽度为 10cm）

右图：昏睡病寄生虫（扫描电子显微镜图像）

图中白细胞背景下的蓝色结构是布鲁氏锥虫——昏睡病（锥虫病）的罪魁祸首。这种病在整个撒哈拉以南非洲都很常见，被采采蝇叮咬后通过血液传播。通常感染三周后起病，伴随关节疼痛和发热。几周后，寄生虫可以播散到中枢神经系统，从而导致睡眠中断，身心混乱。如果不及时治疗，通常可以引发致命的后果。（放大倍数：3500 倍，原图宽度为 10cm）

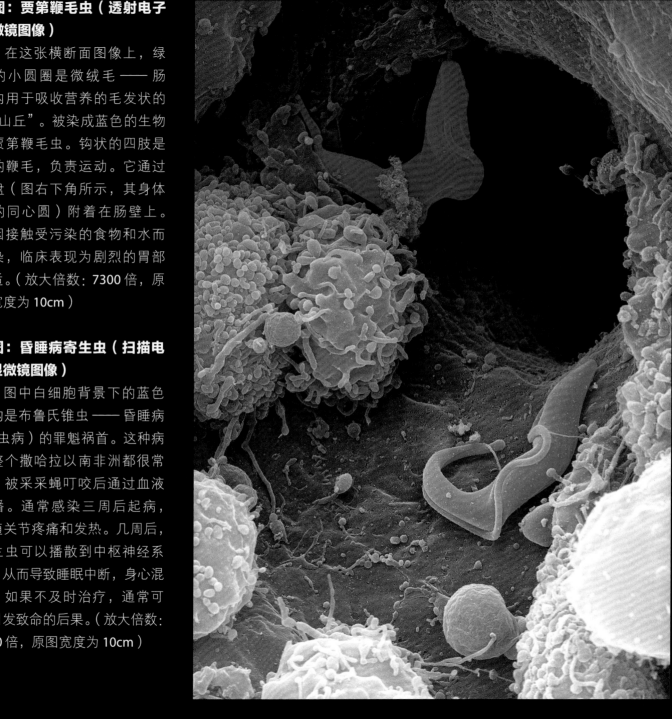

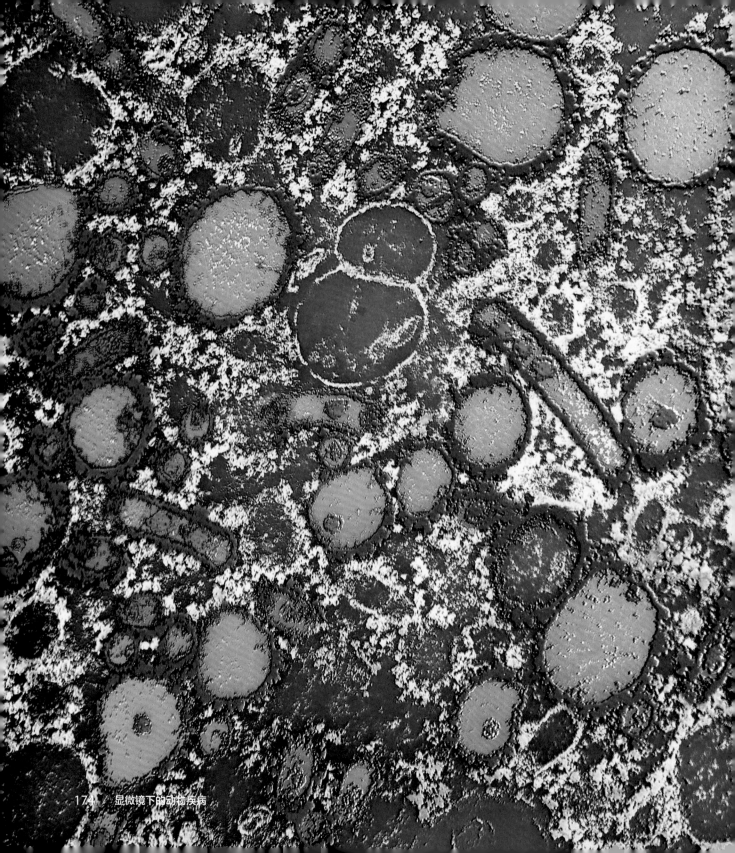

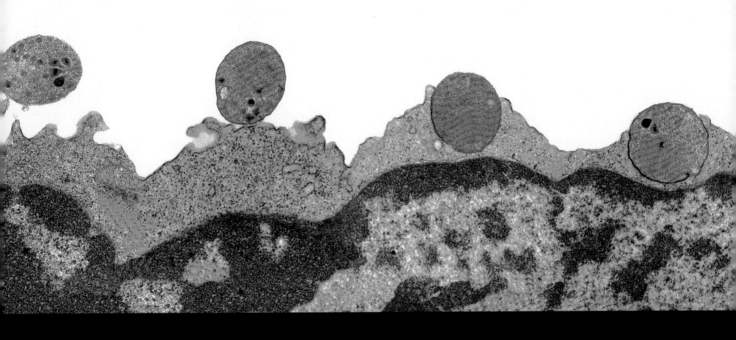

左图：细胞中的牛病毒性腹泻病毒（透射电子显微镜图像）

图中为感染了牛病毒性腹泻病毒（BVDV）的公牛睾丸细胞。BVDV 呈世界性分布，能够引起奶牛产奶量、繁殖力和抵抗力下降，通常几周后可以自愈。然而在免疫系统缺陷的动物中，病毒可以在体内持续甚至永久存在。而由此传播的病毒量为受一过性感染的牛的一千多倍。（放大倍数：20000 倍，原图高度为 6cm）

上图：感染牛淋巴细胞的细小泰勒氏虫（透射电子显微镜图像）

在泰勒氏菌属寄生虫家族中有两个成员是引起牛感染疾病的罪魁祸首。这张合成图像显示了其中一个成员 —— 细小泰勒氏虫接近、附着和入侵奶牛白细胞的具体过程。它可以引起东海岸热 —— 非洲大陆最致命的牛感染疾病之一。泰勒氏虫都是通过蜱虫叮咬传播的，另一个成员 —— 微小泰勒氏虫能够引起人类泰勒氏症，产生类似疟疾的症状。（放大倍数：未知）

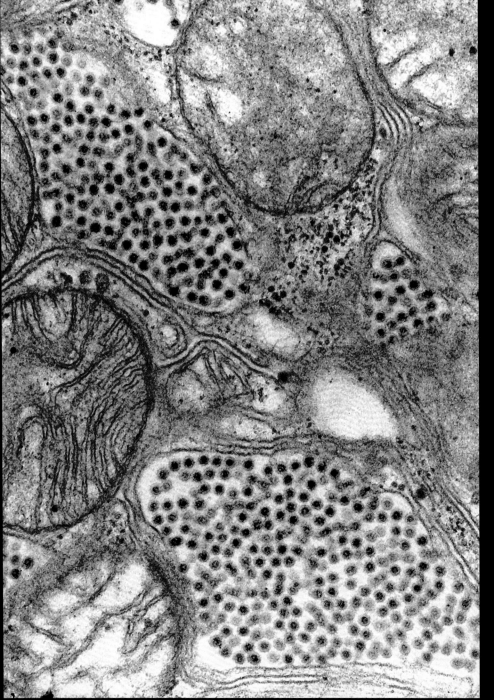

图中绿色的点状结构是蚊子唾液腺内的东部马脑炎（EEE）病毒的病毒体，不仅可以将病毒传染给马，还可以传染给北美、中美洲和南美洲东部各州的鸟类和人类。其引起的临床表现包括癫痫发作和对声、光的异常敏感，目前尚无有效的治愈方法。尽管存在针对马的预防性疫苗，但在约 30% 的人类病例和 80% 的马病例中，这种疾病最终均会导致宿主的死亡。（放大倍数：未知）

右图：微小隐孢子虫（透射电子显微镜图像）

微小隐孢子虫可以攻击肠道内壁，尤其对于免疫系统受损的人来说很容易受到攻击。1985 年，在一名艾滋病患者身上首次发现了这种寄生虫。它可以侵入肠壁的细胞，进行无性繁殖，随后从宿主细胞内释放（如图所示）。微小隐孢子虫的感染可以导致腹泻，由此通过粪便返回到环境中。（放大倍数：2222 倍，原图宽度为 6cm）

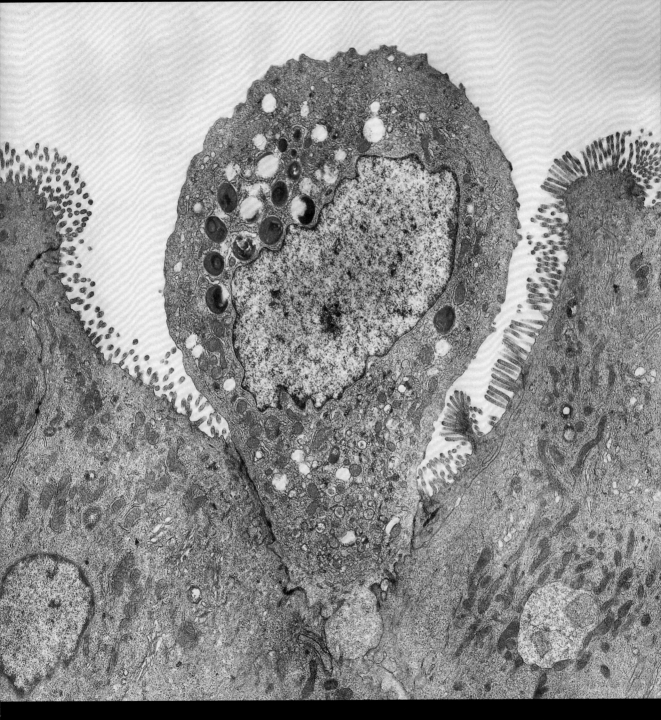

左图：水泡性口炎病毒（透射电子显微镜图像）

水泡性口炎是一种家畜感染性疾病，也可以感染人类，引起从发烧到口腔水疱等一系列症状。它是通过昆虫叮咬传播的，目前还没有特效的治疗方法，但这种疾病通常在几周后就会痊愈。水泡性口炎病毒具有弹状病毒家族（包括狂犬病毒）典型的子弹外形。这种病毒的变种已被证明可以破坏癌细胞以及感染艾滋病毒和埃博拉病毒的细胞。（放大倍数：未知）

右图：拉各斯蝙蝠病毒（透射电子显微镜图像）

拉各斯蝙蝠病毒（LBV）来自另一种可以引起狂犬病的病毒家族。图中的病毒体（粉色）呈现出典型的子弹形状，它们附着在细胞质内的包涵体（黄色）上——病毒在宿主体内合成的蛋白质（蓝色）。除了一种法国果蝠，所有拉各斯蝙蝠病毒感染均只存在于非洲。另外这种病毒也从未被发现可以感染人类。（放大倍数：未知）

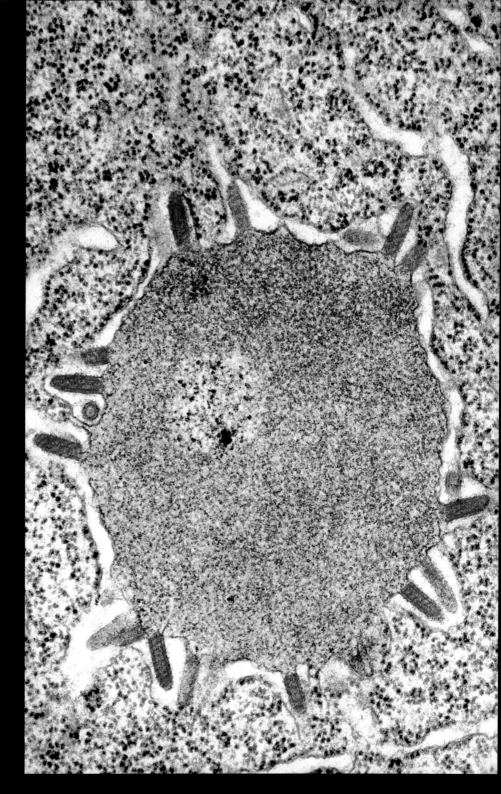

非洲猪瘟病毒（透射电子显微镜图像）

这些粉色和红色的几何体是引起非洲猪瘟的病毒粒子。这种疾病在许多野猪品种内没有临床表现，但对家猪来说却是致命的。这种病毒的特殊之处在于，它不在宿主细胞的细胞核内复制，而是在围绕细胞核的细胞质（即所谓的病毒工厂）内复制。20 世纪下半叶，这种病毒从非洲经由伊比利亚半岛传播到欧洲。（放大倍数：5800 倍，原图宽度为 3.5cm）

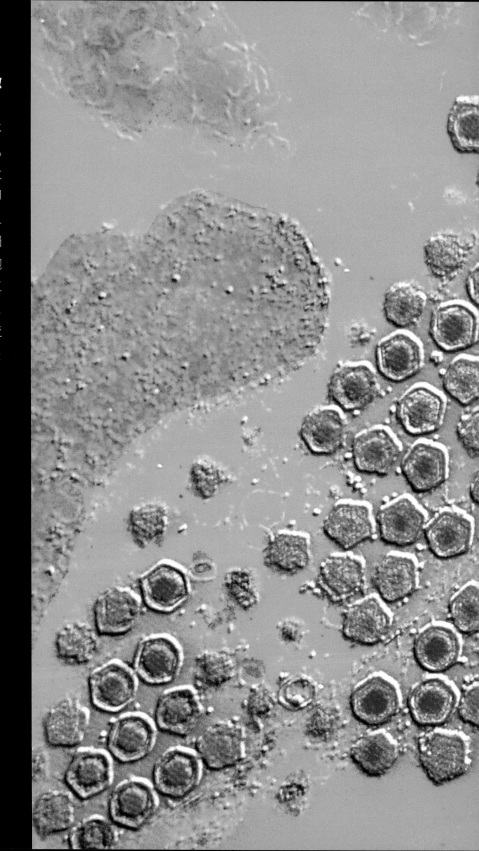

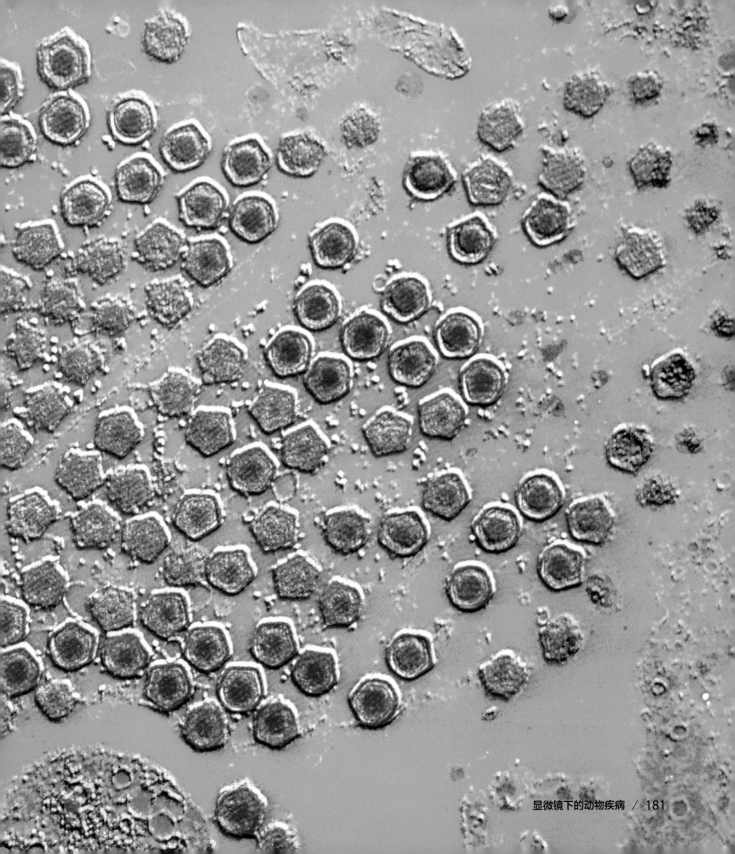

水泡性口炎病毒（透射电子显微镜图像）

　　水泡性口炎是发生在偶蹄家畜中的一种疾病，症状类似于口蹄疫 —— 可以引起口腔、乳房和足部的病变。与口蹄疫一样，农民通过生物安全措施来阻止其向邻近农场蔓延。虽然大多数动物能从这两种疾病中痊愈，但大规模的屠宰有时被认为是控制这一疾病的最有效的措施。如图所示，子弹状的病毒粒子（绿色）在宿主细胞内繁殖后正准备离开它（蓝色）。（放大倍数：未知）

膀胱结石（扫描电子显微镜图像）

　　图中是取自狗膀胱的结石晶体 —— 由尿液中过量的草酸钙（一种矿物质）结晶而成。它们的直径可以长到几厘米并引起不适（特别是进入尿路时）。图中所示的结石直径只有 8mm，如果体积较大则不得不通过超声波粉碎，或手术摘除。（放大倍数：10 倍，原图宽度为 10cm）

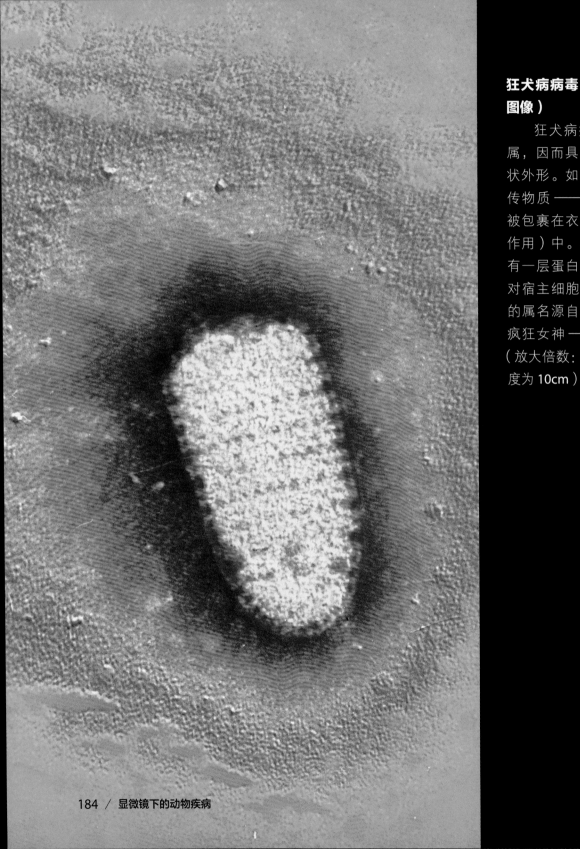

狂犬病病毒（透射电子显微镜图像）

　　狂犬病病毒属于狂犬病毒属，因而具备该属特有的子弹状外形。如图所示，病毒的遗传物质——核糖核酸（RNA）被包裹在衣壳（黄色，起保护作用）中。其外部（红色）还有一层蛋白质包膜，介导病毒对宿主细胞的识别。狂犬病毒的属名源自希腊神话中的一位疯狂女神——莱莎（Lyssa）。（放大倍数：100000倍，原图宽度为10cm）

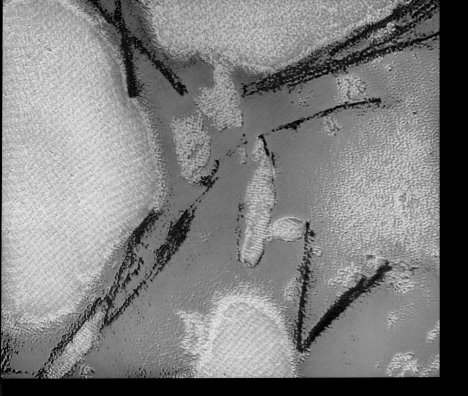

痒病纤维（透射电子显微镜图像）

　　痒病是一种不治之症，可以感染绵羊和山羊。之所以称之为痒病，是因为它可以引起宿主的瘙痒和炎症，引起其不断试图刮掉羊毛的强迫行为。痒病并非通过细菌或病毒传播，而是由朊病毒（一种没有细胞核，能够自我复制的蛋白质）传播。图中红色的结构是瘙痒原纤维（纤维聚合体），它们由蛋白质组成。与之类似的疾病（朊病毒传播）还包括牛海绵状脑病和克雅氏病。（放大倍数：58000 倍，原图宽度为6cm）

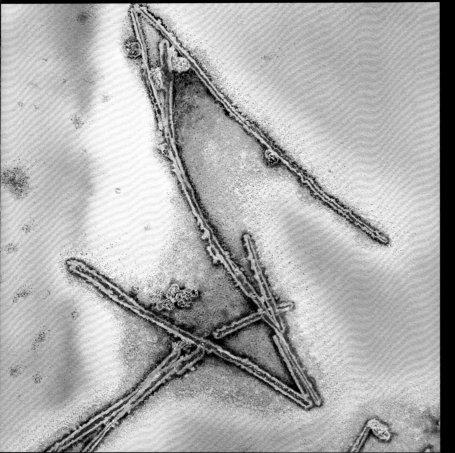

胆汁螺杆菌（扫描电子显微镜图像）

　　这些长得像意大利面一样的螺旋结构是胆汁螺杆菌。从身上长出的细长白色尾巴是它们的鞭毛，使细菌能够移动到它们的目的地（类似精子的尾巴）。鞭毛还可以起到传感器的作用，为细菌寻找适宜的细胞进行攻击。胆汁螺杆菌可以感染猫、狗和啮齿动物的肠道与肝脏，导致炎症。此外，在人类身上也发现了这种细菌的感染。（放大倍数：16500 倍，原图宽度为 10cm）

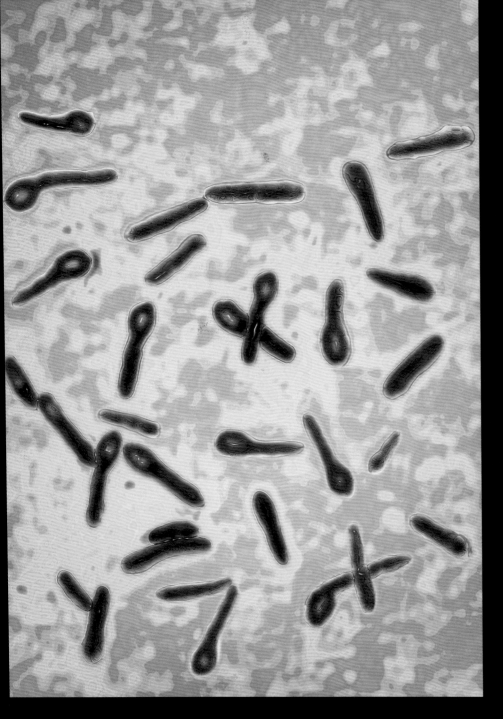

图中蓝色的"小网球拍"是破伤风梭菌，通过开放的伤口感染人体引起破伤风。破伤风梭菌可以产生痉挛毒素，进入中枢神经系统。频繁的肌肉痉挛是破伤风的典型特征，症状起始于下颌咬肌，最终发展至整个身体。这种痉挛有时甚至可以导致骨折。（放大倍数：未知）

右图：巴氏杆菌（扫描电子显微镜图像）

宠物咬伤时可以将巴氏杆菌带入伤口，从而引起巴氏杆菌病。巴氏杆菌有20多种，其中最常见的是多杀性巴氏杆菌，它可以引起伤口周围发炎，导致关节疼痛。它还可以散播进入呼吸道，甚至可以通过血脑屏障，引起脑膜炎。感染早期可以应用青霉素及时治疗。（放大倍数：17000倍，原图宽度为10cm）

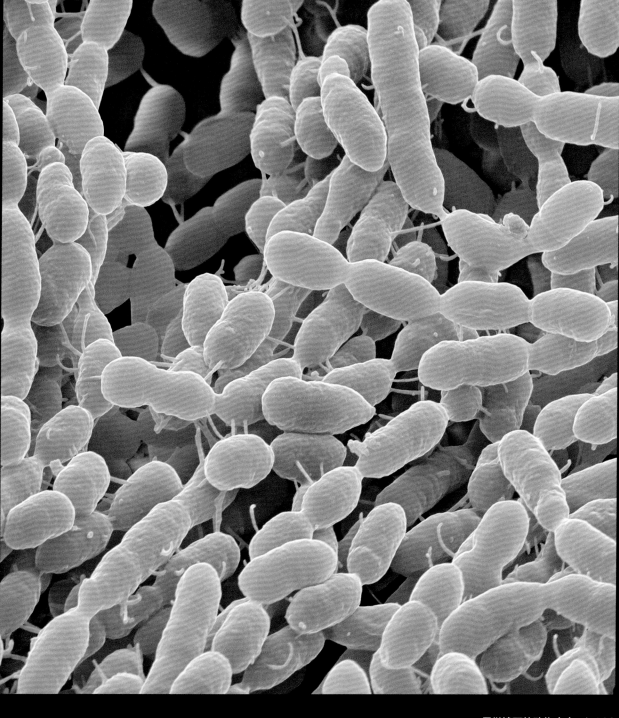

译名对照表

Lagos bat virus (LBV) 拉克罗斯病毒
laxatives 泻药
leucocytes 白细胞
leukaemia 白血病
Lewy bodies 路易小体
light microgrpahs 光学显微镜图像
liver, hepatitis 肝炎
lung 肺
Lyme disease 莱姆病
lymphocytes 淋巴细胞
Lyssaviruses 溶血病毒

M
macrophages 巨噬细胞
malaria 疟疾
measles 麻疹
melanosis coli 结肠黑变病
merozoites 裂殖子
MERS (Middle East respiratory syndrome) 中东呼吸综合征
methamphetamine 甲基苯丙胺
micrographs 显微镜图像
microscopes 显微镜
microspheres 微球
molluscum contagiosum 传染性软疣
monkeypox 猴痘
monkeypox virus 猴痘病毒
morphine 吗啡
mouth, bacteria 口腔细菌
MRSA 耐甲氧西林金黄色葡萄球菌
multiple sclerosis 多发性硬化症
mumps 腮腺炎
muscle 肌肉
mutation 突变
myelodysplastic syndromes (MSDs) 骨髓增生异常综合征

N
neurons 神经元
neutrophils 中性粒细胞
oestradiol 雌二醇
oral 口腔细菌
organ transplants 器官移植
ovarian 卵巢
ovarian cancer 卵巢癌
ovarian cysts 卵巢囊肿
oxytocin 催产素

P
pain relief 也见 anaesthetics 止痛
pancreas 胰腺
pantothenic acid 泛酸
papilloma 乳头状瘤
papilloma viruses 乳头状瘤病毒
parainfluenza 副流感
parasites Cryptosporidium parvum 微小隐孢子虫
Parkinson's disease 帕金森氏病
Pasteurella 巴氏杆菌
penicillin 青霉素
peplomers 粒子
phagocytosis 吞噬作用
phenethylamine 苯乙胺
PLGA microspheres PLGA微球
pluripotency 多潜能性
pneumonia 肺炎
polio 脊髓灰质炎
polio virus 脊髓灰质炎病毒
polymer spheres 聚合物微球
polyps 息肉
pox virus 痘病毒
prions 朊病毒
prostate 前列腺
prostate cancer 前列腺癌
Prozac 百忧解

Q
quinine 奎宁

R
rabies 狂犬病
rhabdoviruses 横纹病毒
ribonucleic acid (RNA) 核糖核酸
RNA 核糖核酸
roseola 红疹
rotavirus 轮状病毒

S
salbutamol sulphate 硫酸沙丁胺醇
Sarcocystis 肉孢子虫
SARS (severe acute respiratory syndrome), 非典
Schmallenberg 施马伦贝格病毒
Schmallenberg virus 施马伦伯格病毒
scrapie fibres 痒病纤维
scrapie 痒病

serotonin 5-羟色胺
sildenafil citrate 枸橼酸西地那非
skin 皮肤
skin cancer 皮肤癌
sleeping sickness 昏睡病
smallpox 天花
spores 孢子
squamous cells 鳞状细胞
SSRIs (selective serotonin reuptake inhibitors) 选择性5-羟色胺再摄取抑制剂
Staphylococcus aureus 金黄色葡萄球菌
Staphylococcus epidermidis 表皮葡萄球菌
stem cells 干细胞
steroids 类固醇
stomach, Helicobacter pylori 幽门螺杆菌
streptomycin 链球菌
stroke 中风
superinfection 二重感染
swine fever 猪瘟
swine flu 猪流感

T
tapeworms 绦虫
testosterone 睾酮
tetanus 破伤风
Theileria parva 细小泰勒氏菌
thrush 鹅口疮
ticks 蜱
toxoplasma gondii 刚地弓形虫
transplants 移植
Treponema 密螺旋体
Trojan 木马病毒
trojan virus 特洛伊木马病毒
Tropheryma whipplei 特洛伊鞭虫
Trypanosoma brucei 布鲁氏锥虫
tuberculosis 结核病
tularaemia 兔热病

U
ulcerative colitis 溃疡性结肠炎
urine 尿
uterine fibroids 子宫肌瘤

V
vaccination 疫苗接种
Valium 安定

variola virus 天花病毒
Ventolin 万托林
vesicular stomatitis 水泡性口炎
vesicular stomatitis virus 水泡性口炎病毒
Viagra 伟哥
Vidaza 维达扎
viruses African swine fever 非洲猪瘟病毒
vitamin A 维生素A
vitamin B5 维生素B5
vitamin B9 维生素B9
vitamin E 维生素E

W
warts 疣
water warts 水疣
West Nile 西尼罗河病毒
West Nile virus 西尼罗病毒
Whipple's disease 惠普尔病
whooping cough 百日咳

Y
yeasts 酵母菌
Yersinia pestis 鼠疫耶尔森氏菌

Z
Zika virus 寨卡病毒
Zovirax 轮状病毒

图片版权

Page2 © E. Gueho/Science Photo Library; 5, 106, 110, 140–141, 142 ©David McCarthy/Science Photo Library; 10–11 © Fox Chase Cancer Center/National Cancer Institute/Science Photo Library; 12, 14, 15, 26 © Thomas Deerinck, NCMIR/Science Photo Library; 13, 18, 19, 20–21, 24, 25, 34 (top and bottom), 35, 37, 38, 39, 42–43, 82, 83, 84, 85, 98, 107, 123, 131, 143, 155, 182, 183 © Steve Gschmeissner/Science Photo Library; 16–17, 32, 100, 108–181, 184 © CNRI/Science Photo Library; 22–23 © Jackie Lewin, EM Unit Royal Free Hospital/ Science Photo Library; 27 © Lysia Forno/Science Photo Library; 28 © ISM/Science Photo Library; 29 © Christian Darkin/Science Photo Library; 30–31 © Biophoto Associates/Science Photo Library; 33, 177 © London School of Hygiene & Tropical Medicine/Science Photo Library; 36 © The Rockefeller University/National Cancer Institute/Science Photo Library; 40 © Dr Gary Gaugler/Science Photo Library; 41 © Juergen Berger/Science Photo Library; 44 © Science VU, Visuals Unlimited /Science Photo Library; 45, 74, 160 © Centre for Infections/Public Health England/Science Photo Library; 46–47, 54, 55, 66, 71, 78, 79 (left and right), 188 © James Cavallini/Science Photo Library; 48, 50, 51, 80–81, 102, 162, 163, 166, 189 © Eye of Science/Science Photo Library; 52–53, 69 © Dr Linda Stannard, UCT/Science Photo Library; 56 © Dr Erskine Palmer & Cynthia Sporborg / CDC/Science Photo Library; 57, 60–61, 63 © NIBSC/Science Photo Library; 58, 59, 103, 176, 178 © AMI Images/Science Photo Library; 62 © Chris Bjornberg/Science Photo Library; 64–65 © CDC/C. Goldsmith/ J. Katz/S. Zaki/Science Photo Library; 67, 94–95, 130, 179 © Science Source/Science Photo Library; 68, 118 © Pasieka/Science Photo Library; 70 © Richard J. Green/Science Photo Library; 72 ©NIBSC/Science Photo Library; 73 © David M. Phillips/Science Photo Library; 75 ©Dr Gopal Murti/Science Photo Library; 76, 101, 111, 112, 113, 116, 119, 126–127, 132–133, 138, 139, 164 © Alfred Pasieka/Science Photo Library; 77 © Science VU , Visuals

Unlimited /Science Photo Library; 86–87, 91, 92, 172 © Science Photo Library; 88 © Dr Stanley Flegler/Visuals Unlimited, Inc. / Science Photo Library; 89 © Michael J. Klein, M.D. /Science Photo Library; 90, 96, 97 © Biomedical Imaging Unit, Southampton General Hospital/Science Photo; 93 © David Scharf/Science Photo Library; 99 © Francois Mayer and Bernhard Hube, Department of Microbial Pathogenicity Mechanisms, HKI Jena/Science Photo Library; 104–105 © John Walsh/Science Photo Library; 108–109, 129, 149 © Michael W. Davidson/Science Photo Library; 114–115, 116–117 © Sidney Moulds/Science Photo Library; 120–121, 125, 134, 135, 136–137, 150 © Antonio Romero/Science Photo Library; 122 © M.I. Walker/Science Photo Library; 124 © Leonard Lessin/Science Photo Library; 128 © Dr Arthur Siegelman, Visuals Unlimited /Science Photo Library; 144–145 © Robert Markus/ Science Photo Library; 146 © David Parker/Science Photo Library; 147, 148 © Margaret Oechsli, Visuals Unlimited /Science Photo Library; 151 © Ted Kinsman/Science Photo Library; 152 © Astrid & Hanns Frieder-Michler/Science Photo Library; 153 © BSIP VEM/ Science Photo Library; 154 © M.I. Walker/Science Photo Library; 156–157 © Cavallini James / BSIP/Science Photo Library; 158–159 © National Institutes of Health/Science Photo Library; 161 © CDC/ Science Photo Library; 165 © Alain Pol/ISM/Science Photo Library; 167 © Photo Researchers Inc./Science Photo Library; 168–169 © Herve Conge, ISM /Science Photo Library; 170 © Anna Bates/ US Department of Agriculture/Science Photo Library; 171 © Dr Kari lounatmaa/Science Photo Library; 173 © Universite Libre de Bruxelles/Science Photo Library; 174 © Moredun Animal Health Ltd/Science Photo Library; 175 © Don W. Fawcett/Science Photo Library; 185 (top) © EM Unit, CVL, Weybridge/Science Photo Library; 185 (bottom) © EM Unit, VLA/Science Photo Library; 186–187 © Dr Kari lounatmaa/Science Photo Library.